玉米地方标准汇编

◎ 叶建全　李金琴　张福胜　等　编著

中国农业科学技术出版社

图书在版编目（CIP）数据

玉米地方标准汇编／叶建全等编著．—北京：中国农业科学技术出版社，2020.6

ISBN 978-7-5116-4762-7

Ⅰ.①玉⋯　Ⅱ.①叶⋯　Ⅲ.①玉米－地方标准－汇编－通辽
Ⅳ.①S513-65

中国版本图书馆 CIP 数据核字（2020）第 085906 号

责任编辑　李　雪　徐定娜
责任校对　李向荣

出 版 者　中国农业科学技术出版社
　　　　　北京市中关村南大街 12 号　邮编：100081
电　　话　（010）82109707（编辑室）
　　　　　（010）82109702（发行部）
　　　　　（010）82109709（读者服务部）
传　　真　（010）82109707
网　　址　http：//www.castp.cn
经 销 者　各地新华书店
印 刷 者　北京科信印刷有限公司
开　　本　787 mm×1 092 mm　1/16
印　　张　8.75
字　　数　153 千字
版　　次　2020 年 6 月第 1 版　2020 年 6 月第 1 次印刷
定　　价　98.00 元

《玉米地方标准汇编》
编著人员

总 策 划：姜晓东

策　　划：马俊岭　王殿佐　卢景会　殷凤珍

主 编 著：叶建全　李金琴　张福胜

副主编著：薛永杰　王宇飞　姚　影

编　　著：王宇飞　古成祥　左明湖　石春焱　叶建全
　　　　　叶　鑫　吕　岩　吕　鹏　刘兰芳　刘伟春
　　　　　刘春艳　刘晓双　汤天志　芦　雪　李玉杰
　　　　　李金琴　李　茜　李晓娜　李健民　李雪峰
　　　　　李敬伟　杨荣华　杨恒山　张建华　张福胜
　　　　　邵志荣　宝　音　郝　宏　战海云　姚　影
　　　　　高丽娟　高聚林　郭向利　黄金龙　梅园雪
　　　　　矫丽娜　梁万琪　赖福全　蔡红卫　薛永杰

前　言

　　玉米是我国重要的粮食作物，对粮食安全的作用举足轻重。近年来，玉米价格相对稳定，种植比较效益高，种植技术不断发展，饲料玉米需求量不断增大，内蒙古自治区的玉米种植面积常年稳定在 5 500 万亩左右，是自治区第一大作物，也是全区的支柱产业之一。通辽市位于我国"黄金玉米带"核心区，玉米种植面积常年稳定在 1 500 万亩以上，占农作物总播种面积的 70%以上，总产约占内蒙古自治区玉米总产的 1/3，素有"内蒙古粮仓"的美誉，是我国重要的玉米生产基地。玉米的生产也带动了一批以玉米为原料的深加工企业，其产品远销国内外。通辽市委市政府提出了一系列推进玉米全株深度转化的产业体系，推动精深加工向食品级、药品级高端产品延伸相关政策，玉米产业逐步发展壮大，已经成为通辽市的支柱产业。

　　农业生产标准化是现代农业的重要基石，是增强农产品市场竞争力的重要保证，是提高经济效益、增加农牧民收入和实现农业现代化的基础保障，是农业从数量型向质量型转变的必由之路。但从生产实际来看，玉米标准化的应用、普及和宣传还远远不够。为了扎实推进通辽市乃至内蒙古地区玉米产业向标准化、规模化、品牌化方向发展，发挥通辽"黄玉米"的品牌优势，通辽市农业技术推广站组织专家，对 2014 年以来市农牧局、质监局、科技局等共同参与、市推广站主持的玉米产业标准化体系建设成果中编制颁布的 17 例标准，以及肉牛产业标准化体系中的《青贮玉米生产技术规程》和 2018 年市推广站编制的自治区地方标准《玉米无膜浅埋滴灌水肥一体化技术规范》共 19 例标准进行了整理，编著形成《玉米地方标准汇编》。

　　《玉米地方标准汇编》内容包括：玉米生产用种选择、玉米肥料施用技术规程、玉米草害综合防控技术规程、玉米病害综合防控技术规程、玉米地下害虫综合防控技术规程、玉米螟综合防控技术规程、粘虫综合防控技术规程、蝗虫综合防控技术规程、草地螟综合防控技术规程、玉米标准化生产基地管理准则等，可供业内科研、教学和一线技术人员使用，服务合作社、种植大户、普通农户，推动玉米产业标准化发展，提升通辽市乃至内蒙古自治区玉米产业的市场竞争力。

目　　录

DB1505/T 001—2014 通辽黄玉米

1 范 围

本标准规定了通辽黄玉米的术语和定义、质量指标和卫生要求、检验方法、检验规则、标识、包装、运输、贮存的要求。

本标准适用于收购、贮存、运输、加工和销售的通辽地区种植生产的黄玉米。

2 规范性引用文件

下列文件对于本文件的应用是必不可少的。凡是注日期的引用文件，仅所注日期的版本适用于本文件。凡是不注日期的引用文件，其最新版本（包括所有的修改单）适用于本文件。

GB 1353　玉米

GB 2715　粮食卫生标准

GB/T 5490　粮食、油料及植物油脂检验 一般规则

GB 5491　粮食、油料检验 扦样、分样法

GB/T 5492　粮油检验 粮食、油料的色泽、气味、口味鉴定

GB/T 5493　粮油检验 类型及互混检验

GB/T 5494　粮油检验 粮食、油料的杂质、不完善粒检验

GB/T 5497　粮食、油料检验 水分测定法

GB/T 5498　粮食、油料检验 容重测定法

GB/T 5511　谷物和豆类 氮含量测定和粗蛋白质含量计算 凯氏法

GB/T 5512　粮油检验粮食中粗脂肪含量测定

GB/T 5514　粮油检验粮食、油料中淀粉含量测定

GB 13078　饲料卫生标准

3　术语和定义

下列术语和定义适用于本标准。

3.1　容　重

玉米子粒在单位容器内的质量，以克/升（g/L）表示。

3.2　不完善粒

受到损伤但尚有使用价值的玉米颗粒。包括虫蚀粒、病斑粒、破碎粒、生芽粒、生霉粒和热损伤粒。

3.2.1　虫蚀粒

被虫蛀蚀，并形成蛀孔或隧道的颗粒。

3.2.2　病斑粒

粒面带有病斑，伤及胚或胚乳的颗粒。

3.2.3　破碎粒

子粒破碎达本颗粒体积五分之一（含）以上的颗粒。

3.2.4　生芽粒

芽或幼根突破表皮，或芽或幼根虽未突破表皮但胚部表皮已破裂或明显隆起，有生芽痕迹的颗粒。

3.2.5 生霉粒

表面生霉的颗粒。

3.2.6 热损伤粒

受热后子粒显著变色或受到损伤的颗粒，包括自然热损伤粒和烘干热损伤粒。

3.2.6.1 自然热损伤粒

储存期间因过度呼吸，胚部或胚乳显著变色的颗粒。

3.2.6.2 烘干热损伤粒

加热烘干时引起的表皮或胚或胚乳显著变色，子粒变形或膨胀隆起的颗粒。

3.3 杂 质

除玉米粒以外的其他物质，包括筛下物、无机杂质和有机杂质。

3.3.1 筛下物

通过直径 3.0 mm 圆孔筛的物质。

3.3.2 无机杂质

泥土、砂石、砖瓦块及其他无机物质。

3.3.3 有机杂质

无使用价值的玉米粒、异种类粮粒及其他有机物质。

3.4 色泽、气味

一批玉米固有的综合颜色、光泽和气味。

3.5 黄玉米

产自通辽地区的种皮为黄色，或略带红色的子粒不低于95%的玉米。

4 质量要求和卫生要求

4.1 质量要求

质量要求应符合表1的规定。

表1 质量要求

等级	容重（g/L）	淀粉含量（%）	粗蛋白（%）	不完善粒含量（%）		杂质含量（%）	水分含量（%）	色泽气味
				总量	其中，生霉粒			
1	≥720	≥75.0		≤4.0				
2	≥700	≥74.0	≥8.0	≤6.0	≤2.0	≤1.0	≤14.0	黄玉米固有的色泽气味
3	≥685	≥72.0		≤8.0				

4.2 卫生要求

4.2.1 食用玉米按 GB 2715 和国家有关规定执行。

4.2.2 饲料用玉米按 GB/T 13078 和国家有关规定执行。

4.2.3 植物检疫按国家有关标准和规定执行。

5 检验方法

5.1 质量要求检验

5.1.1 扦样、分样：按 GB 5491 执行。

5.1.2 色泽、气味检验：按 GB/T 5492 执行。

5.1.3 杂质、不完善粒检验：按 GB/T 5494 执行。

5.1.4 水分检验：按 GB/T 5497 执行。

5.1.5 容重测定：按 GB/T 5498 执行。

5.1.6 粗蛋白质测定：按 GB/T 5511 执行。

5.1.7 粗脂肪测定：按 GB/T 5512 执行。

5.1.8 淀粉测定：按 GB/T 5514 执行。

5.2 卫生要求检验按有关规定方法执行。

6 检验规则

6.1 检验的一般规则按 GB/T 5490 执行。

6.2 检验批次为同种类、同产地、同收获年份、同运输单元、同储存单元的玉米。

6.3 判定规则：质量要求和卫生要求中的全部检验项目符合本标准相关要求时，判定该批产品为合格品。若容重、不完善粒总量不符合相应等级要求时，应降至相应的等级。

7 标识、包装、运输、储存

7.1 标 识

玉米包装标识应符合国家食品包装与标识的有关标准和规定。

7.2 包 装

玉米包装应清洁、牢固、无破损，缝口严密、结实，不得造成产品撒漏。不得给产品带来污染和异常气味。

7.3 运 输

使用符合卫生标准的运输工具和容器运送，运输过程中应注意防止雨淋和被污染。

7.4 储 存

储存在清洁、干燥、防雨、防潮、防虫、防鼠、无异味的仓库内，不得与有毒有害物质或水分较高的物质混存。

DB1505/T 006—2014 玉米生产用种选择准则

1 范 围

本准则规定了通辽地区玉米生产品种选择原则和种子质量要求。

本准则适用于通辽地区玉米种植区。

2 规范性引用文件

下列文件对于本文件的应用是必不可少的。凡是注日期的引用文件，仅所注日期的版本适用于本文件。凡是不注日期的引用文件，其最新版本（包括所有的修改单）适用于本文件。

GB 4404.1 粮食作物种子 禾谷类

3 术语和定义

品种：是指经过人工选育或者发现并经过改良，形态特征和生物学特性一致，遗传性状相对稳定的植物群体。

4 品种选择

4.1 选种原则

选择通过国家审定、内蒙古自治区审（认）定，适宜通辽地区推广种植的高产、优质、多抗、耐密、适于机械化种植的品种（禁止使用转基因品种）。

4.2　熟　期

在相应种植区内安全成熟。

4.3　丰产性、稳产性

4.3.1　丰产性

产量水平不低于当地主推同类品种。

4.3.2　稳产性

在种植区内产量性状表现稳定。

4.4　品　质

4.4.1　普通玉米

粒用型品种子粒容重≥685 g/L，子粒粗蛋白含量（干基）≥8.0%，粗脂肪含量（干基）≥3.0%，淀粉（干基）含量≥69%。

4.4.2　优质玉米

子粒容重≥685 g/L。同时符合下列条件之一者：
高油玉米 粗脂肪（干基）含量≥7.5%；
高蛋白玉米 子粒粗蛋白含量≥12%；
高赖氨酸玉米 赖氨酸（干基）含量≥0.4%；
高淀粉品种 粗淀粉（干基）含量≥75%。

4.4.3　鲜食甜玉米

分为普通甜玉米、超甜玉米、加强甜玉米品种类型。外观品质和蒸煮品质评分之和≥85 分。

4.4.3.1 普通甜玉米品种适宜采收期子粒含糖量≥10%；·

4.4.3.2 超甜玉米品种适宜采收期子粒含糖量≥15%；

4.4.3.3 加强甜玉米品种适宜采收期子粒含糖量≥25%。

4.4.4 糯玉米

鲜食糯玉米直链淀粉（干基）占粗淀粉总量比率≤3%，外观品质和蒸煮品质评分之和≥85 分。加工直链淀粉（干基）占粗淀粉总量比率≤5%。

4.4.5 青贮玉米

整株粗蛋白含量≥7.0%，中性洗涤纤维含量≤50%，酸性洗涤纤维含量≤30%。

4.4.6 粮饲兼用玉米

活秆成熟，成熟时叶片保绿能力强，子粒蛋白含量≥9%，中性纤维≤55%、酸性纤维≤30%。

4.4.7 爆裂玉米

膨化倍数≥25、爆花率≥95%、遗传裂粒率<2。

4.5 综合抗性

4.5.1 抗病性

丝黑穗病、茎腐病、大斑病等主要病害达到抗以上。

4.5.2 抗虫性

玉米螟等主要虫害达到抗以上。

4.5.3　抗倒性

倒伏与倒折率之和≤10%。

5　种子质量

纯度、净度执行 GB 4404.1。其中发芽率执行单粒播标准，发芽率 92%以上。

DB1505/T 007—2014 玉米肥料施用技术规程

1 范 围

本规程规定了通辽地区玉米肥料施用的相关术语、施肥原则和施肥技术。

本规程适用于通辽地区玉米种植区。

2 规范性引用文件

下列文件对于本文件的应用是必不可少的。凡是注日期的引用文件，仅所注日期的版本适用于本文件。凡是不注日期的引用文件，其最新版本（包括所有的修改单）适用于本文件。

NY/T 394 绿色食品 肥料使用准则

3 术语和定义

下列术语和定义适用于本规程。

3.1 测土配方施肥

测土配方施肥是以肥料田间试验、土壤测试为基础，根据作物需肥规律、土壤供肥性能和肥料效应，在合理施用有机肥料的基础上，提出氮、磷、钾及中、微量元素等肥料的施用品种、数量、施肥时期和施用方法的技术。

3.2 配方肥料

以土壤测试、肥料田间试验为基础，根据作物需肥规律、土壤供肥性能和肥料效应，用各种单质肥料和（或）复混肥料为原料，配制成的适合特定区域、特定作物品种的肥料。

3.3 肥料效应

肥料效应是肥料对作物产量和品质的作用效果，通常以肥料单位养分的施用量所能获得的作物增产量和效益表示。

3.4 施肥量

施于单位面积耕地或单位质量生长介质中的肥料或养分的质量或体积。

3.5 常规施肥

亦称习惯施肥，指当地前三年平均施肥量（主要指氮、磷、钾肥）、施肥品种和施肥方法。

3.6 地 力

是指在当前管理水平下，由土壤本身特性、自然背景条件和农田基础设施等要素综合构成的耕地生产能力。

3.7 耕地地力评价

是指根据耕地所在地的气候、地形地貌、成土母质、土壤理化性状、农田基础设施等要素相互作用表现出来的综合特征，对农田生态环境优劣、农作物种植适宜性、耕地潜在生物生产力高低进行评价。

3.8 基 肥

习惯上又称底肥，它是指在播种（或定植）前结合土壤耕作施入的肥料。

3.9 种 肥

种肥是播种（或定植）时施于种子或幼株附近，与种子混播，或与幼株混施的肥料。其目的是为种子萌发和幼苗生长创造良好的营养条件和环境条件。

3.10 追 肥

在作物生长发育期间施用的肥料称作追肥。其目的是满足作物在生长发育过程中对养分的需求。

4 施 肥

4.1 施肥原则

根据土壤、气候、品种吸肥规律进行施肥，与有机肥料配合使用，氮、磷、钾合理配比施用，因地制宜地施用微量元素肥料，确定合理的施肥方式。

4.2 施肥技术

4.2.1 施肥量

生育期使用的肥料应符合 NY/T 394 要求。

亩（1 亩 ≈ 667m^2，1hm^2 = 15 亩，全书同）产 1 000 kg 玉米子粒整个生育期肥料参考投入总量为：N 20.18 kg，P$_2$O$_5$ 6.9 kg，K$_2$O 3.75 kg。其

他产量目标按照同等养分需求相应折算施肥量。

根据测定土壤肥力状况，按照产量目标确定肥料配比方案与投肥数量，磷钾肥作为种肥一次施入，氮肥一般遵循前控、中促、后补的原则，25%~30%氮肥做底肥或种肥，另60%~70%氮肥做追肥分次施入。

4.2.2　分期施肥

4.2.2.1　基　肥

每 667 m² 撒入优质农家肥 2 000~3 000 kg、5 kg 硫酸钾肥料，结合整地、旋耕、耙地均匀施入耕层土壤。

4.2.2.2　种　肥

按照 667 m² 施入磷酸二铵（46%）15 kg、硫酸钾 2.5 kg、硫酸锌 1 kg 左右、尿素 3 kg 的参考养分量确定玉米配方肥。用播种机分层深施种子下方或距种子旁侧 5~6 cm 处，种子肥料分层隔开。

4.2.2.3　追　肥

在拔节期、大喇叭口期按 30% 和 70% 比例，每 667 m² 追施尿素 35 kg 或在拔节期一次性追施等养分含量的缓控释尿素，吐丝期可喷施叶面肥。

DB1505/T 008—2014 玉米草害综合防控技术规程

1 范 围

本规程具体规定了在玉米草害综合防控过程中所应遵循的技术路线和操作方法。

本规程适用于通辽地区玉米田草害防控。

2 规范性引用文件

下列文件对于本文件的应用是必不可少的。凡是注日期的引用文件，仅所注日期的版本适用于本文件。凡是不注日期的引用文件，其最新版本（包括所有的修改单）适用于本文件。

GB 10395.6 农林拖拉机和机械 安全技术要求 第6部分：植物保护机械

GB/T 8321.2 农药合理使用准则（二）

GB/T 8321.4 农药合理使用准则（四）

GB/T 8321.6 农药合理使用准则（六）

GB/T 8321.7 农药合理使用准则（七）

NY/T 650 喷雾器（机）作业质量

NY/T 1276 农药安全使用规范总则

3 术语定义

3.1 玉米草害

通辽地区玉米田间常见杂草如下。

禾本科杂草：马唐、牛筋草、狗尾草等。

阔叶杂草：反枝苋、皱果苋、鳢肠、藜、铁苋菜、苘麻等。

莎草科杂草：香附子。

3.2 综合防控

采用农业防除、物理防除、生物防除、生态调控以及科学、合理、安全使用农药的技术，达到有效控制玉米草害，确保玉米生产安全、质量安全和农业生态环境安全，促进玉米增产、增收的目的。

3.3 防治处置率

防治面积占发生面积的百分比称为防治处置率。

3.4 防治效果

由于实施了草害防治技术措施对草害产生的杀灭、控制作用称为防治效果。

3.5 危害损失率

收获时根据玉米被害情况估计玉米草害损失的指标。

4 防控策略

以农业防除为基础，以化学除草为重点，人工、机械防除为补充，各项措施相协调的综合防除策略。合理选择对路的除草剂品种，根据种植结构、玉米种植品种、杂草种类、除草剂品种特性、土壤类型、天气等情况，正确选用除草剂品种。

5 防除目标

防除处置率达到90%以上，防除总体效果达到85%以上，危害损失控制在3%以内。

6 技术措施

6.1 化学除草

6.1.1 苗前除草

使用90%、99%乙草胺乳油，或72%、96%精异丙甲草胺乳油，或90%莠去津水分散粒剂，或38%莠去津悬浮剂，或25%噻吩磺隆可湿性粉剂，或87.5% 2.4-D异辛酯乳油，或57% 2.4-D丁酯乳油，或90%乙草胺乳油+75%噻吩磺隆，或96%精异丙甲草胺乳油+75%噻吩磺隆，或67%异丙·莠去津悬浮剂，或40%乙·莠乳油，或50%嗪酮·乙草胺乳油等药剂，于玉米播种后出苗前，兑水均匀喷雾至地表，按照说明书使用。

6.1.2 苗后除草

使用30%苯吡唑草酮悬浮剂，或10%硝磺草酮悬浮剂，或4%、6%、8%烟嘧磺隆悬浮剂，或90%莠去津水分散粒剂，或38%莠去津悬浮剂，或25%辛酰溴苯腈乳油，或硝磺·莠去津，或烟嘧·莠去津，或莠去津与苯吡唑草酮、或烟嘧磺隆与辛酰溴苯腈混用，于3~5叶期，杂草2~4叶期，兑水均匀喷雾。

其中烟嘧磺隆不能用于甜玉米、糯玉米及爆裂玉米田，不能与有机磷类农药混用，用药前后7天内不能使用有机磷类农药。

6.1.3 中后期除草

针对各种原因造成的玉米生长中后期杂草萌发情况，可选用20%百草枯水剂、或25%砜嘧磺隆水分散粒剂，进行玉米行间定向喷洒，施药时喷头应加装保护罩，避免喷溅到玉米植株上产生药害。

6.1.4 助剂应用

合理选用植物油型喷雾助剂。

6.2 人工除草

配合化学除草，进行人工除草，清除玉米田及周边残留杂草。

7 用药原则

7.1 科学安全用药

药剂使用符合国家 GB/T 8321.2、GB/T 8321.4、GB/T 8321.6、GB/T 8321.7 的要求，操作人员符合 NY/T 1276。

7.1.1 用药量

a. 常规量喷雾，每 667 m^2 施液量>30 L；

b. 低量喷雾，每 667 m^2 施液量 0.5~30 L；

c. 超低量喷雾，每 667 m^2 施液量<0.5 L。

8 作业要求

8.1 机械要求

8.1.1 安全性

作业机械的安全性应符合 GB 10395.6 的规定。

8.1.2 机械校准

施药作业前应对喷雾机械进行校准，背负式喷雾机械施药时不可左右摆动施药。

8.1.3 喷头及过滤器

喷洒除草剂时，喷杆式喷雾机及人工背负式手动喷雾器均应选用11003型、11004型扇形喷嘴，配50筛目的过滤器。

8.2 作业环境

选择无雨、少露、气温在5~30℃的天气作业。常规量喷雾作业风速<3 m/s，低量喷雾和超低量喷雾风速<2 m/s，超低量喷雾无上升气流。

8.3 作业质量

符合NY/T 650的要求。

8.4 操作要求

8.4.1 喷　药

配置药剂时应采用"二次稀释法"，风力3级以上时不宜施药作业。保证喷雾质量，喷雾要求均匀周到，施药作业时要侧风向直线行走。依据土壤墒情和田间杂草发生程度增减药液量。

8.4.2 喷雾要求

喷洒除草剂要求雾滴直径300~400 μm，雾滴密度30~40个/cm²。

8.4.3 残药处理和机械清洗

清洗喷雾器，妥善处理农药残液及废弃物，避免污染环境及作物药害，同时应注意施药人员的个人防护。

DB1505/T 009—2014 玉米病害综合防控技术规程

1 范　围

本规程规定了通辽地区玉米主要病害综合防控过程中所应遵循的技术路线和操作方法。

本规程适用于通辽地区玉米主要病害防控。

2 规范性引用文件

下列文件对于本文件的应用是必不可少的。凡是注日期的引用文件，仅所注日期的版本适用于本文件。凡是不注日期的引用文件，其最新版本（包括所有的修改单）适用于本文件。

GB/T 8321.2　农药合理使用准则（二）

GB/T 8321.4　农药合理使用准则（四）

GB/T 8321.6　农药合理使用准则（六）

GB/T 8321.7　农药合理使用准则（七）

NY/T 1276　农药安全使用规范总则

中华人民共和国农业部公告第 199 号（国家明令禁止使用的农药）

中华人民共和国农业部公告第 274 号

中华人民共和国农业部公告第 322 号

3　术语定义

3.1　玉米病害

玉米受到生物因素和非生物因素的影响，正常的生长和发育受到干扰和破坏，在植株的内部和外部、生理和组织上均表现出不正常的现象。通辽地区玉米主要病害有丝黑穗病、茎腐病、粗缩病、弯孢霉菌叶斑病、大斑病、锈病等。

3.2　综合防控

采用农业防治、物理防治、生物防治、生态调控以及科学、合理、安全使用农药的技术，达到有效控制农作物病害，确保农作物生产安全、农产品质量安全和农业生态环境安全，促进农业增产、增收的目的。

3.3　防治处置率

防治面积占发生面积的百分比称为防治处置率。

3.4　防治效果

由于实施了病虫害防治技术措施对病虫为害产生的杀灭、控制作用称为防治效果。

3.5　危害损失率

收获时根据玉米被害情况估计玉米病虫害损失的指标。

4　防控策略

坚持"预防为主，综合防治"的植保方针，深入贯彻"公共植保和绿色植保"理念，树立既快又好的科学防灾思想，推进统防统治，实现病虫害可持续控制，保障粮食稳定增产和农产品质量安全。

5 防治目标

防治处置率达到90%以上，防治效果达到85%以上，危害损失率控制在3%以内。

6 技术措施

6.1 农业防治

6.1.1 品种选择

选用抗耐病优良品种。

6.1.2 轮作倒茬

实行玉米与其他作物的轮作，减少常发玉米病害的发生。

6.1.3 清除病源

清除田间病残株，集中烧毁或深埋；重病田避免秸秆还田；秋季深翻土壤，消灭菌源；病残体作堆肥要充分腐熟。

6.1.4 加强栽培管理

增施有机肥和磷肥，施足底肥，重施喇叭口肥，及时中耕灌水。加强玉米田间管理，增强玉米抗病力。

6.2　化学防治

6.2.1　玉米丝黑穗病

可用 16%克·多或 20%克·福种衣剂按（1∶40）~（1∶50）的比例包衣。

6.2.2　茎腐病

防治方法同玉米丝黑穗病。

6.2.3　粗缩病

玉米粗缩病是由灰飞虱传毒的病毒病，要坚持治虫防病的原则，力争把传毒昆虫消灭在传毒之前。防治灰飞虱可在出苗前进行药剂防治。可选用 3%啶虫脒 1 500 倍液，或每 667 m² 用 10%吡虫啉可湿性粉剂 10 g 兑水 15 kg 喷雾，同时注意田边、沟边喷药防治。

6.2.4　弯孢霉菌叶斑病

可用 75%百菌清、50%多菌灵、70%甲基托布津 500 倍液喷雾。

6.2.5　大斑病

可用 50%多菌灵、75%代森锰锌等药剂 500~800 倍液喷雾。

6.2.6　锈　病

在玉米锈病发病初期，可用 20%粉锈宁（三唑酮）乳油，或 43%戊唑醇 5 000 倍液，每 667 m² 75~100 mL 喷雾防治。

7　科学安全用药

药剂使用符合国家 GB/T 8321.2、GB/T 8321.4、GB/T 8321.6、GB/T

8321.7 的要求，操作人员符合 NY/T 1276。

8 禁止使用的农药

执行中华人民共和国农业部第 199 号、274 号、322 号公告。

DB1505/T 010—2014 玉米地下害虫综合防控技术规程

1 范 围

本规程具体规定了在玉米地下害虫综合防控过程中所应遵循的技术路线和操作方法。

本规程适用于通辽地区玉米田地下害虫防控。

2 规范性引用文件

下列文件对于本文件的应用是必不可少的。凡是注日期的引用文件，仅所注日期的版本适用于本文件。凡是不注日期的引用文件，其最新版本（包括所有的修改单）适用于本文件。

GB/T 8321.2　农药合理使用准则（二）

GB/T 8321.4　农药合理使用准则（四）

GB/T 8321.6　农药合理使用准则（六）

GB/T 8321.7　农药合理使用准则（七）

NY/T 1276　农药安全使用规范总则

中华人民共和国农业部公告第 199 号（国家明令禁止使用的农药）

中华人民共和国农业部公告第 274 号

中华人民共和国农业部公告第 322 号

3 术语定义

3.1 地下害虫

是指为害时期在土壤中生活的一类害虫，主要取食作物的种子、根、茎、块根、块茎、幼苗、嫩叶及生长点等，常常造成缺苗、断垄或使幼苗生长不良。通辽地区主要有蛴螬、金针虫、地老虎、蝼蛄、玉米旋心虫等。

3.2 综合防控

采用农业防治、物理防治、生物防治、生态调控以及科学、合理、安全使用农药的技术，达到有效控制农作物病虫害，确保农作物生产安全、农产品质量安全和农业生态环境安全，促进农业增产、增收的目的。

3.3 防治处置率

防治面积占发生面积的百分比称为防治处置率。

3.4 防治效果

由于实施了病虫害防治技术措施对病虫为害产生的杀灭、控制作用称为防治效果。

3.5 危害损失率

收获时根据玉米被害情况估计玉米病虫害损失的指标。

4 防控策略

坚持"预防为主，综合防治"的植保方针，深入贯彻"公共植保和绿色植保"理念，树立既快又好的科学防灾思想，突出重点作物、重发区域、细化措施，加大重大病虫害专业化防治和绿色防治工作力度，推广应用病虫害综合防治集成技术，推进统防统治，实现病虫害可持续控制，保障粮食稳定增产和农产品质量安全。

5 防治指标

各类地下害虫防治指标：蛴螬>1 头/m²，金针虫>4 头/m²，地老虎>2 头/百株玉米，蝼蛄>0.3 头/m²，旋心虫>2 头/百株玉米。

6 防治目标

防治处置率达到90%以上，防治效果达到85%以上，危害损失率控制在3%以内。

7 技术措施

7.1 种子包衣

选用克百威35%+多菌灵30%+福美双25%，或克百威20%+福美双15%，或35%多·克·福悬浮种衣剂和20%克·福悬浮种衣剂，或16.8%克·多·福，或9.6%福·戊等种衣剂进行包衣。

防治旋心虫的种衣剂克百威有效成分含量必须在7%以上。在种衣剂使用过程中应严格按照农药标签上所标注的用药剂量进行包衣，不得擅自增加用药量。

7.2 耕作栽培

7.2.1 冬季深翻

封冻前1个月，深翻土壤25 cm以上。

7.2.2 清洁田园

作物收获后及时清除田间及周边秸秆、根茬、杂草，苗期及时清除田间杂草。将秸秆、根茬、杂草深埋或运出田外沤肥，消除产卵寄主。

7.3 诱杀成虫

7.3.1 灯光诱杀

于成虫盛发期采用安装频振式杀虫灯进行诱杀。每盏频振式杀虫灯控制面积达 30~40 亩，或在田间距地面 30 cm 处，傍晚时开灯诱杀，可有效诱杀蝼蛄、蛴螬、地老虎等成虫，降低虫卵量 70%左右。

7.3.2 糖醋液诱杀

将糖、醋、酒、水按 3∶4∶1∶2 配制，再加入少量的敌百虫，用盒子装好，于傍晚时分，装放在田间距地面 1 m 高处，可诱杀地老虎、蛴螬成虫。

7.3.3 毒饵诱杀

用 80%敌百虫 0.05 kg 与炒香的麦麸或豆粕 5 kg 兑水适量配成毒饵诱杀蝼蛄、地老虎。于傍晚撒施毒饵，每 667 m² 用 1~1.5 kg；或用 50%辛硫磷 100 g 加水 2~2.5 kg，喷在 100 kg 切碎的新鲜草或菜上制成毒饵，于傍晚分成小堆放置田间诱杀地老虎。

7.4 植株施药

在玉米旋心虫幼虫为害初期（玉米出苗至 5 叶前），用 90%晶体敌百虫 800~1 000 倍液，或 80%敌敌畏乳油 1 500 倍液，或 50%辛硫磷乳油 1 000~1 500 倍液，在成虫发生期喷 2~3 次，每 7~10 天喷 1 次，均有较好的防治效果。

7.5　其他措施

地下害虫重发区还可采取撒施毒土、根部灌药、地面施药等措施。

8　科学安全用药

药剂使用符合国家 GB/T 8321.2、GB/T 8321.4、GB/T 8321.6、GB/T 8321.7 的要求，操作人员符合 NY/T 1276。禁限用农药执行中华人民共和国农业部第 199 号、274 号、322 号公告。

DB1505/T 011—2014 玉米螟综合防控技术规程

1 范　围

本规程规定了玉米螟综合防控技术的具体操作要求和规范。

本规程适用于通辽地区玉米螟防控。

2 规范性引用文件

下列文件对于本文件的应用是必不可少的。凡是注日期的引用文件，仅所注日期的版本适用于本文件。凡是不注日期的引用文件，其最新版本（包括所有的修改单）适用于本文件。

GB/T 8321.2 农药合理使用准则（二）

GB/T 8321.4 农药合理使用准则（四）

GB/T 8321.6 农药合理使用准则（六）

GB/T 8321.7 农药合理使用准则（七）

NY/T 1276 农药安全使用规范总则

NY/T 1611 玉米螟测报技术规范

中华人民共和国农业部 199 号公告（国家明令禁止使用的农药）

中华人民共和国农业部 274 号公告

中华人民共和国农业部 322 号公告

3 术语和定义

下列术语定义适用于本规程。

3.1 玉米螟

玉米螟又叫玉米钻心虫，箭秆虫，属鳞翅目，螟蛾科，是世界性害虫，也是玉米的主要害虫。同时，玉米螟还为害高粱、谷子及多种植物（寄主多）。玉米螟是钻蛀性害虫，以幼虫取食玉米心叶和蛀茎，蛀食子粒为害，受害植株前期症状不明显，但被害植株后期遇大风，易倒伏，造成全株无收，钻蛀穗柄，造成穗小或无子粒。蛀食子粒，造成减产。

3.2 综合防控

采用农业防治、物理防治、生物防治、生态调控以及科学、合理、安全使用农药的技术，达到有效控制农作物病虫害，确保农作物生产安全、农产品质量安全和农业生态环境安全，促进农业增产、增收的目的。

3.3 玉米螟发生时期

玉米螟在通辽地区每年发生 2 代，以老熟幼虫在玉米秸秆、穗轴和根茬中越冬。越冬代幼虫 5 月下旬开始化蛹，6 月中旬为化蛹盛期和第一代成虫出现初期，成虫盛期在 6 月下旬。第一代卵盛期为 6 月末到 7 月初；卵期 4~5 天。7 月初为卵孵化盛期，中旬开始为害。第二代成虫 7 月下旬开始出现，8 月上旬开始为害玉米。

3.4 防治处置率

防治面积占发生面积的百分比称为防治处置率。

3.5 防治效果

由于实施了病虫害防治技术措施对病虫为害产生的杀灭、控制作用称为防治效果。

3.6 危害损失率

收获时根据玉米被害情况估计玉米病虫害损失的指标。

4 虫情调查

按照 NY/T 1611 要求，加强越冬基数调查、各代玉米螟幼虫化蛹羽化进度调查、田间卵量及孵化进度调查，确定采取各项防控技术和具体防控适期。

5 防治指标

一代玉米螟花叶率超过 10%，二代玉米螟百穗花丝幼虫达到 50 头。

6 防控目标

通过综合防控，将玉米螟危害损失率控制在 3%~5%，农药残留量控制在允许范围之内。

7 防控策略

以农业防控和生态控制为基础，以物理防控和生物防控为重点，结合精准药械推广、选用高效低毒化学农药开展统防统治。

8 防控措施

8.1 农业防治

8.1.1 处理越冬寄主

主要处理越冬寄主，压低虫源基数。即在越冬代玉米螟化蛹（时间大约在 5 月 25 日）前，把主要越冬寄主作物的秸秆残茬处理完毕。

8.1.2 选择抗虫品种

选用中抗玉米螟以上的优良品种。

8.1.3 精细整地

实行秋翻、春耙或精细旋耕，破坏越冬代玉米螟生存环境，降低虫源基数。

8.2 物理防治

频振式杀虫灯诱杀玉米螟成虫：在村屯四周间隔 100 m 安灯一盏，从玉米螟羽化始期开始，一般在 6 月 5 日开灯到 7 月 5 日结束，可根据本地区玉米螟化蛹羽化进度确定开灯时间。具体开灯时间 20：30 开灯到次日 4：00闭灯。

8.3 生物防治

8.3.1 白僵菌封垛

根据玉米螟越冬后，化蛹时爬出洞外补充水分的特性，将白僵菌施入秸秆垛内，封垛时间在通辽地区一般为 5 月 5 日—5 月 15 日。

8.3.1.1 喷液法

每立方米玉米秸秆用含量为 300 亿孢子/g 白僵菌 7 g，兑水 0.5 kg，每立方米一个喷液点。

8.3.1.2 喷粉法

每立方米玉米秸秆用含量为 300 亿孢子/g 白僵菌 7 g，兑滑石粉 0.5 kg均匀混合后，视形状大小在玉米秸秆（或茬）垛的茬口侧面用木棍向垛内捣洞 0.5~1 m，将机动喷粉机的喷管插入洞中加大油门进行喷粉，直至垛顶冒出白烟为止。每立方米一个喷粉点。

8.3.2 田间释放赤眼蜂

根据赤眼蜂寄生于玉米螟卵的特性，田间释放赤眼蜂，可有效控制玉米螟为害。

亩放蜂量 1.5 万头，分 2 次释放，每次 0.75 万头，每 667 m² 均匀释放 2 点。

释放方法：将撕好的蜂卡用针线缝在玉米背光的叶片中部背面，距基部 1/3 处。

释放时间：当越冬带玉米螟化蛹率达 20%时，后推 10 天，当地时间在 6 月 22—26 日，为第一次放蜂适期，间隔 5~7 天后释放第二次。

8.3.3 生物药剂灌心叶

8.3.3.1 白僵菌颗粒剂

每 667 m² 用每 g 含 500 亿孢子的白僵菌粉 20 g，用适量水稀释后与 1.5~2 kg 细河沙混拌均匀，晾干后灌心叶。

8.3.3.2 BT 颗粒剂

每 667 m² 用量 150 mLBT 乳剂，兑适量水，然后与 1.5~2 kg 细河沙混拌均匀，晾干后灌心叶。以上两种生物颗粒剂应随拌随用。于玉米大喇叭口初期撒入玉米心叶内。

8.4 化学防治

8.4.1 颗粒剂灌心

推荐使用 1.5%或 3%辛硫磷颗粒剂，0.4%溴氰菊酯颗粒剂，1%杀螟灵颗粒剂。每 667 m² 用量 350~500 g。毒死蜱·氯菊颗粒剂每 667 m² 用量 350~500 g，具体用量根据亩株数而定。

8.4.2 自制颗粒剂

8.4.2.1 毒死蜱·氯菊颗粒剂

每 667 m² 用48%毒死蜱·氯菊乳油350 g，与1.5~2 kg细河沙混拌均匀，晾干后灌心叶。

8.4.2.2 辛硫磷颗粒剂

每 667 m² 用50%辛硫磷乳油10 mL加少量水均匀喷在8 kg细河沙上，配制成0.1%辛硫磷颗粒剂。

8.4.2.3 敌百虫、敌敌畏颗粒剂

每 667 m² 用90%晶体敌百虫50 g或50%敌敌畏乳油50 mL均匀拌入1.5~2 kg细河沙内，晾干后均匀施入玉米心叶内。一般每株玉米施用颗粒剂1~2 g。

9 科学安全用药

药剂使用符合国家 GB/T 8321.2、GB/T 8321.4、GB/T 8321.6、GB/T 8321.7 的要求，操作人员符合 NY/T 1276。禁限用农药执行中华人民共和国农业部第199号、274号、322号令。

10 注意事项

10.1 秸秆垛湿度

要求秸秆垛应保持一定湿度，否则会降低白僵菌寄生率。

10.2 安全使用杀虫灯

频振式杀虫灯接通电源后应避免人畜接触高压电网；雷雨天气应关闭电源；要及时清理接虫袋。

10.3 释放赤眼蜂

田间释放赤眼蜂应注意天气条件，如遇连日大风或雷雨天气，会降低防效，要考虑采用颗粒剂灌心叶等补救措施；释放赤眼蜂应用针线缝，切忌使用金属丝或直别针等，以免牲畜食用秸秆后造成伤害。

10.4 自我防护

玉米属高秆作物，通风较差。使用化学药剂防控时，要做好自我防护，并避开中午和高温闷热天气。

DB1505/T 012—2014 粘虫综合防控技术规程

1 范　围

本规程规定了通辽地区粘虫综合防控过程中所应遵循的技术路线和操作方法。

本规程适用于通辽地区玉米、高粱、小麦、谷子、水稻等作物的粘虫防控。

2 规范性引用文件

下列文件对于本文件的应用是必不可少的。凡是注日期的引用文件，仅所注日期的版本适用于本文件。凡是不注日期的引用文件，其最新版本（包括所有的修改单）适用于本文件。

GB/T 8321.2　农药合理使用准则（二）

GB/T 8321.4　农药合理使用准则（四）

GB/T 8321.6　农药合理使用准则（六）

GB/T 8321.7　农药合理使用准则（七）

NY/T 1276　农药安全使用规范总则

中华人民共和国农业部 199 号公告（国家明令禁止使用的农药）

中华人民共和国农业部 274 号公告

中华人民共和国农业部 322 号公告

3 术语和定义

3.1 粘 虫

属鳞翅目，夜蛾科。在通辽地区一年发生两代，即俗称的二代、三代粘虫。

3.2 粘虫发生规律

粘虫在当地一年发生二代，主要是一代（当地习惯称为二代）为害。6月下旬到7月上旬是它的为害期；以小麦、玉米、谷子、高粱受害为主，小麦田成虫盛期集中于5月下旬至6月中旬，而6月中旬以后发生的成虫多在谷子和玉米田产卵。二代粘虫（当地习惯称为三代）只在个别年份发生为害，为害期在8月上、中旬，主要为害玉米、谷子、高粱和水稻等。

3.3 综合防控

采用农业防治、物理防治、生物防治、生态调控以及科学、合理、安全使用农药的技术，达到有效控制农作物病虫害，确保农作物生产安全、农产品质量安全和农业生态环境安全，促进农业增产、增收的目的。

3.4 防治处置率

防治面积占发生面积的百分比称为防治处置率。

3.5 防治效果

由于实施了病虫害防治技术措施对病虫为害产生的杀灭、控制作用称为防治效果。

3.6 危害损失率

收获时根据玉米被害情况估计玉米病害损失的指标。

4 防治指标

玉米田、高粱田虫口二代密度达 10 头/百株和三代 50 头/百株以上，小麦田、谷子田、水稻田>50 头/m² 时进行防治。

5 防控目标

前期重点防治小麦上二代粘虫，降低虫源基数，控制二代粘虫蔓延为害，降低三代粘虫卵基数，确保常发区农田不成灾、不扩散，偶发区农田不造成严重为害。重发生区控制幼虫大规模群集迁移为害，应急防治处置率达到 90% 以上，防治效果达 85% 以上，危害损失控制在 5% 以下，中低密度区危害损失控制在 3% 以下。

6 防控策略

控制成虫发生，减少产卵量，抓住幼虫 3 龄暴食为害前关键防治时期，集中连片普治重发生区，隔离防治局部高密度区。

7 防控措施

7.1 农业防治

7.1.1 中耕除草

利用中耕除草将杂草及幼虫翻于土下。

7.1.2 封锁隔离

铲除地头、地边杂草，留出 3~5 m 隔离带，在隔离带附近杂草喷洒农药，阻止粘虫进入田间。

在粘虫幼虫迁移为害时，可在其转移的道路上挖深沟，沟宽 30~40 cm，深 30~40 cm、上宽下窄的小防虫沟，在沟内喷上粉剂农药，或中间立塑料薄膜；或在沟中放入一些麦秸、玉米秸等，用菊酯类农药+敌敌畏拌毒土撒到沟中，浓度适当增加 10%~20%；也可在田间撒施辛硫磷、或菊酯类药剂毒土，阻止粘虫迁移扩散。

7.2 物理防治

7.2.1 谷草把法

一般扎直径为 5 cm 的草把，每亩插 60~100 个，5 天更换 1 次，换下的草把集中烧毁，以消灭粘虫卵。

7.2.2 糖醋诱杀法

取红糖 350 g、白酒 150 g、醋 500 g、水 250 g、再加 90% 的晶体敌百虫 15 g，制成糖醋诱液，置于盆内，放在田间 1 m 高的地方诱杀粘虫成虫。

7.2.3 性诱捕法

用配置粘虫性诱芯的干式诱捕器，在田间每 667 m^2 挂 1 个插杆，诱杀成虫。

7.2.4 杀虫灯法

在成虫发生期，于田间安置杀虫灯，灯间距 100 m，夜间开灯，诱杀成虫。

7.3 生物防治

7.3.1 生物农药

在粘虫卵孵化盛期喷施苏云金杆菌（Bt）制剂、1.8%阿维菌素。

7.3.2 保护利用天敌

释放赤眼蜂或田埂种植芝麻、大豆等显花植物，保护蜘蛛、寄生蜂、青蛙等天敌。

7.4 化学防治

粘虫卵孵化初期，可用4.5%高效氯氰菊酯乳油3 000倍液，或25%灭幼脲500~1 000倍液喷雾防治。

粘虫幼虫三龄前，每667 m² 可用4.5%高效氯氰菊酯50~100 mL加水30 kg，或50%辛硫磷乳油，或80%敌敌畏乳油，或40%毒死蜱乳油75~100 g加水50 kg，或2.5%高效氯氟氰菊酯乳油，或2.5%溴氰菊酯乳油1 000~1 500倍液喷雾防治。

7.5 科学安全用药

药剂使用符合国家GB/T 8321.2、GB/T 8321.4、GB/T 8321.6、GB/T 8321.7的要求，操作人员符合NY/T 1276。禁限用农药执行中华人民共和国农业部第199号、274号、322号公告。

施药时间应在晴天9：00以前或17：00以后，若遇雨天应及时补喷，要求喷雾均匀周到、田间地头、路边的杂草都要喷到。遇虫龄较大时，要适当加大用药量。虫量特别大的田块，可以先拍打植株将粘虫抖落地面，再向地面喷药，可收到良好的效果。

DB1505/T 013—2014 蝗虫综合防控技术规程

1 范 围

本规程具体规定了在蝗虫（土蝗）综合防控过程中所应遵循的技术路线和操作方法。

本规程适用于通辽地区农田蝗虫（土蝗）防控。

2 规范性引用文件

下列文件对于本文件的应用是必不可少的。凡是注日期的引用文件，仅所注日期的版本适用于本文件。凡是不注日期的引用文件，其最新版本（包括所有的修改单）适用于本文件。

GB/T 8321.2 农药合理使用准则（二）

GB/T 8321.4 农药合理使用准则（四）

GB/T 8321.6 农药合理使用准则（六）

GB/T 8321.7 农药合理使用准则（七）

NY/T 1276 农药安全使用规范总则

中华人民共和国农业部 199 号公告（国家明令禁止使用的农药）

中华人民共和国农业部 274 号公告

中华人民共和国农业部 322 号公告

3 术语和定义

3.1 蝗 虫

又称蚂蚱，属直翅目，蝗科。分布遍及全国。常见的约有 10 种。成虫体色有绿、褐两种颜色，以卵在土中越冬，深度 3~5 cm。取食范围广，被害作物以玉米、谷子、小麦、高粱、大豆等为主。大发生时也取食瓜苗。

3.2 综合防控

采用农业防治、物理防治、生物防治、生态调控以及科学、合理、安全使用农药的技术，达到有效控制农作物病虫害，确保农作物生产安全、农产品质量安全和农业生态环境安全，促进农业增产、增收的目的。

3.3 防治处置率

防治面积占发生面积的百分比称为防治处置率。

3.4 防治效果

由于实施了病虫害防治技术措施对病虫为害产生的杀灭、控制作用称为防治效果。

3.5 危害损失率

收获时根据玉米被害情况估计玉米病虫害损失的指标。

4 防控策略

坚持"预防为主，综合防治"的植保方针，加强预测预报工作，以测报指导防治，采取化学防治与生态控制、生物控制技术相结合的防控技术措施，强化应急防治，提高防治效果，降低防治成本，实现蝗虫灾害可持续控制。

狠治夏蝗、抑制秋蝗，优先采用绿色治蝗技术，提高生物防治技术比例，减少化学农药使用量，保护蝗区生态环境，促进蝗虫灾害的可持续治理。

5 防治指标

蝗虫<0.5 头/ m² 时为轻发生，0.5～10 头/m² 时为中等发生，>10 头/ m² 时为重发生。≥0.5 头/ m² 时即采取防治措施。

6 防治适期

防治适期为 3～4 龄盛期。中低密度发生区（土蝗密度在 20 头/m² 以下），重点实施生物防治；高密度发生区（土蝗密度在 20 头/m² 以上），重点实施化学防治。

7 防控目标

确保总体防治效果在 90%以上，应急防治区危害损失率控制在 5%以内。尽量降低化学农药使用量，减少环境污染。实现控制蝗虫"不扩散、不成灾"。

8 防控措施

8.1 农业防治

在土蝗常年重发区，可通过垦荒种植、减少撂荒地面积，春秋深耕细耙（深翻 25 cm 以上）等措施破坏土蝗产卵适生环境，压低虫源基数，减轻发生程度。

8.2 生物防治

主要在中低密度发生区使用。可选用杀蝗绿僵菌、蝗虫微孢子虫、植物源农药印楝素等。

8.2.1 杀蝗绿僵菌

含活性孢子 23 亿~28 亿/g，可进行飞机或使用背负式机动喷雾机进行超低容量喷雾。

8.2.2 蝗虫微孢子虫

10 亿个孢子/mL，可单独或与昆虫蜕皮抑制剂混合进行喷雾防治。

8.3 化学防治

8.3.1 区 域

主要在高密度发生区使用。

8.3.2 药品选择

常用农药品种有：毒死蜱、敌敌畏、马拉硫磷油剂等有机磷农药，氯氰菊酯、联苯菊酯、氯氟氰菊酯、溴氰菊酯等菊酯类农药，以及氟虫脲、溴·马乳油、辛·氰乳油、氯虫苯甲酰胺等。

8.3.3 防治方法

在集中连片面积大于 500 hm² 以上的区域，提倡推广 GPS 飞机导航精准施药技术，可采取隔带式防治。集中连片面积低于 500 hm² 的区域，可组织植保专业队使用大型施药器械开展地面应急防治。地面应急防治应重点推广超低容量喷雾技术，在玉米等高秆作物田以及环境复杂发生区，为减轻劳动强度，应推广烟雾机防治技术。使用烟雾机开展防治时，应选在清晨或傍晚等低气压的情况下进行。

8.3.4 注意事项

应避免在高温条件下施药，气温在 5~30℃ 或阴天可全天喷洒。风速大于 8 m/s 及雨天、大雾时不宜施药。

9 科学安全用药

药剂使用符合国家 GB/T 8321.2、GB/T 8321.4、GB/T 8321.6、GB/T 8321.7 的要求，操作人员符合 NY/T 1276 的要求。

执行中华人民共和国农业部第 199 号、274 号、322 号公告。

DB1505/T 014—2014 草地螟综合防控技术规程

1 范　围

本规程具体规定了在草地螟综合防控过程中所应遵循的技术路线和操作方法。

本规程适用于通辽地区农田草地螟防控。

2 规范性引用文件

下列文件对于本文件的应用是必不可少的。凡是注日期的引用文件，仅所注日期的版本适用于本文件。凡是不注日期的引用文件，其最新版本（包括所有的修改单）适用于本文件。

GB/T 8321.2　农药合理使用准则（二）

GB/T 8321.4　农药合理使用准则（四）

GB/T 8321.6　农药合理使用准则（六）

GB/T 8321.7　农药合理使用准则（七）

NY/T 1276　农药安全使用规范总则

中华人民共和国农业部 199 号公告（国家明令禁止使用的农药）

中华人民共和国农业部 274 号公告

中华人民共和国农业部 322 号公告

3 术语和定义

3.1 草地螟

属鳞翅目，螟蛾科。别名黄绿条螟、甜菜网螟等。成虫体长 8～12 mm，翅展 24～26 mm，体、翅灰褐色，前翅有暗褐色斑，翅外缘有淡黄色条纹，中翅有一个大的长方形黄白色斑；后翅灰色，近翅基部较淡，沿外缘有两条黑色平行的波纹。卵椭圆形，乳白色，有光泽，分散或排列成卵块。老熟幼虫头黑色有白斑，胸腹部黄绿色或暗绿色，周身有毛瘤。为害作物范围广。

3.2 草地螟虫茧

草地螟老熟幼虫入土后结茧，长 20～50 mm，直径 3～4 mm，中部略粗，一般在土壤坚硬处结茧较短，土质疏松处结较长，茧外面沾有泥土或沙粒，外观的颜色与土壤接近处的颜色一致，茧垂直于土壤表层，羽化口与地面平行，状似小枯草（木）棍。

3.3 发生世代

一个世代开始出现时间，作为一个时代的始期；对全年成虫蛹的发生世代表述，分别为"越冬代第一代"，对全年卵，幼虫发生的世代的表述分别为第一代和第二代。

3.4 防治处置率

防治面积占发生面积的百分比称为防治处置率。

3.5 防治效果

由于实施了病虫害防治技术措施对病虫为害产生的杀灭、控制作用称为防治效果。

3.6 危害损失率

收获时根据玉米被害情况估计玉米病虫害损失的指标。

4 防治指标

草地螟幼虫数>25 头/m²。

5 防控目标

通过采取统防统治，控制草地螟幼虫不发生大规模迁移为害。应急防治区危害损失控制在 8%以下，尽量降低化学农药使用量，减少环境污染。

6 防控策略

以诱杀成虫为先导，防治幼虫为重点，加强农田周边公共地带应急防治，实施"阻截外地虫源、控制本地虫源和及时围控暴发区虫源"的防控策略。采取除草灭卵、设置封锁带和挖沟封锁等措施，药剂防治以普治三龄前幼虫为主，开展统防统治，及时检查防效，防止迁移为害。

7 防控技术

绿色防控：采用农业防治、物理防治、生物防治、生态调控以及科学、合理、安全使用农药的技术，达到有效控制农作物病虫害，确保农作物生产安全、农产品质量安全和农业生态环境安全，促进农业增产、增收的目的。

7.1 农业防治

7.1.1 深 耕

深耕灭虫要求在越冬代幼虫入土做茧后（秋季）越冬成虫羽化前完成

草地螟越冬田块的耕翻，耕翻深度17~21 cm。

7.1.2 冬 灌

对草地螟末代幼虫发生较重的地块有灌溉条件的于封冻前灌水。

7.1.3 除草灭卵

在成虫已经产卵，而大部分卵尚未孵化时，结合中耕除草灭卵，将除掉的杂草带出田外沤肥或挖坑埋掉。同时要除净田边地埂的杂草，以免幼虫迁入农田为害。在幼虫已孵化的田块，一定要先打药后除草，以免加快幼虫扩散速度而加重为害。

7.1.4 挖沟、打药带隔离，阻止幼虫迁移为害

可在田块四周挖沟或打药带封锁，在幼虫迁移之前，可挖防虫沟预防，沟宽30~40 cm，深30~40 cm、上宽下窄的小防虫沟，在沟内喷上粉剂农药，或中间立塑料地膜，确保幼虫不能爬越。也可在地块周围设置4~5 cm宽的药带，杀灭地块外迁入的草地螟幼虫，防止幼虫外迁扩散为害。

7.1.5 中耕除草

于成虫产卵前期进行，铲净田间和地边杂草，并带出田外沤肥或埋掉，在卵孵化期幼虫高密度田块应先采取药剂防治再中耕除草。

7.2 物理防治

采用灯光诱杀，与草地螟成虫始见期至末期每天日落至第二天日出采用频振式杀虫灯诱杀每4~6 hm² 设置一盏杀虫灯。

7.3 生物防治

7.3.1 利用天敌防治

保护利用对草地螟总群有控制作用的寄生蜂、苏云金杆菌、白僵菌、绿僵菌、拟青霉、座壳孢菌和轮枝菌等进行杀虫，在草地螟幼虫低密度时不宜使用化学农药。

7.3.2 生物农药

卵孵化盛期使用生物制剂苏云金杆菌 8 000 IU/mg 可湿性粉剂 600～800 倍液，或白僵菌 400 亿孢子/g 可湿性粉剂 300～400 倍液喷雾；幼虫 3 龄前使用 1.8% 阿维菌素乳油 2 500 倍液，或灭幼脲 350～400 倍液喷雾。

7.4 化学防治

选用 25% 辉丰快克（辛·氯乳油）乳油 2 000～3 000 倍液，或 25% 快杀灵（辛.氰乳油）乳油 20～30 mL/667 m^2，或 5% 来福灵（氰戊菊酯），或 4.5% 高效氯氰菊酯 1 500～2 000 倍液，或 2.5% 功夫（氯氟氰菊酯）2 000～3 000 倍液，或 30% 桃小灵（菊·马乳油）2 000 倍液，或 90% 晶体敌百虫 1 000 倍液。防治应在卵孵化始盛期后 10 天左右进行为宜，注意有选择地使用农药，尽可能地保护天敌。

7.5 注意事项

草地螟幼虫通常低龄时间短、大龄幼虫具有暴食为害的特点，药剂防治应在幼虫 3 龄之前。当幼虫在田间分布不均匀时，一般不宜全田防治，应在认真调查的基础上实行挑治。还要特别注意对田边、地头草地螟幼虫喜食的杂草进行防治。这样既可降低防治成本，提高防效，又减轻了对环境的污染。当田间幼虫密度大，且分散为害时，应实行农户联防，大面积统防统治。

8 科学安全用药

药剂使用符合国家 GB/T 8321.2、GB/T 8321.4、GB/T 8321.6、GB/T 8321.7 的要求，操作人员符合 NY/T 1276 的要求。

执行中华人民共和国农业部第 199 号、274 号、322 号公告。

DB1505/T 015—2014 农田废弃物回收规范

1 范　围

本规范规定了通辽地区农田废弃物回收管理的具体要求。

本规范适用于通辽地区农田的管理。

2 术语和定义

2.1 农田废弃物

是指作物生产过程中产生遗留在农田中的没有被利用开发或没有价值的物品，主要包括秸秆、药品、肥料、种子等包装物及残膜、滴灌管等。

2.2 秸　秆

是成熟农作物茎叶部分的总称。通常指农作物（通常为禾谷类）在收获籽实后的剩余部分。

2.3 回　收

指广大农牧民对农田废弃物进行的收回、分类处理、交送回收网点。

3 回收技术

3.1 秸秆回收利用

3.1.1 秸秆还田

与机械化收获结合，粉碎秸秆还田，茎秆粉碎长度≤10 cm，撒施秸秆腐熟剂 2.5 kg/667 m²，尿素 7.5 kg/667 m²，深翻土壤中。病虫害严重田避免秸秆还田。

3.1.2 回收利用

将秸秆机械或人工打捆，送到收购点或相关企业，加工转化其他产品或用作燃料；玉米秸秆可通过青贮、氨化及微贮等技术将秸秆转化成饲料，发展养殖业。

3.2 其他废弃物回收

3.2.1 治理指标

农田残膜捡拾率达到80%以上，包装袋等其他废弃物100%回收。

3.2.2 回收要求

3.2.2.1 包装物

包装物随用随收，禁止随地乱扔，农药包装物单独回收。

3.2.2.2 滴灌带

收获前回收滴灌管带。

3.2.2.3 农 膜

利用残膜回收机、起膜起茬机等机械回收地膜；也可自制幅宽 4 m 或

3.6 m 的钉耙，用四轮牵引回收残膜；也可于收获后人工用耙子搂地膜。

3.2.3 分　类

按照废品利用途径、有害无害等进行分类。废弃物主要包括塑料制品和玻璃制品。塑料制品包括农药、种子、化肥等包装和农膜、滴灌带等。

3.2.4 处　理

将分类后的废弃物送至废品收购站等回收网点或相关企业，进行统一处理。

DB1505/T 016—2014 玉米大小垄全程机械化生产技术规程

1 范　围

本规程规定了玉米全程机械化生产的术语和定义、栽培技术要求。

本规程适用于通辽市玉米全程机械化生产。

2 规范性引用文件

下列文件对于本文件的应用是必不可少的。凡是注日期的引用文件，仅所注日期的版本适用于本文件。凡是不注日期的引用文件，其最新版本（包括所有的修改单）适用于本文件。

GB 3095—2012　环境空气质量标准

GB 4404.1　粮食作物种子 第 1 部分：禾谷类

GB 5084—2005　农田灌溉水质标准

GB/T 8321.2　农药合理使用准则（二）

GB/T 8321.4　农药合理使用准则（四）

GB/T 8321.6　农药合理使用准则（六）

GB/T 8321.7　农药合理使用准则（七）

GB 10395.6　农林拖拉机和机械安全技术要求 第 6 部分：植物保护机械

GB 10395.7　农林拖拉机和机械安全技术要求 第 7 部分：联合收割机、饲料和棉花收获机

GB 15618—1995　土壤环境质量标准

GB 16151.1 农业机械运行安全技术条件

NY/T 496 肥料合理使用准则通则

NY/T 1276 农药安全使用规范总则

DB1505/T 008 玉米草害综合防控技术规程

DB1505/T 009 玉米病害综合防控技术规程

DB1505/T 010 玉米地下害虫综合防控技术规程

DB1505/T 011 玉米螟综合防控技术规程

DB1505/T 012 粘虫综合防控技术规程

DB1505/T 013 蝗虫综合防控技术规程

DB1505/T 014 草地螟综合防控技术规程

DB1505/T 015 农田废弃物回收规范

3 术语和定义

下列术语和定义适用本规程。

3.1 玉米大小垄种植技术

指在幅宽120 cm内，以小垄40 cm种植双行玉米，以大垄80 cm作为间距，可以改善玉米行间通风透光条件，有利于发挥群体增产潜力的一种玉米增产技术。

3.2 玉米全程机械化

玉米生产全程机械化是指在玉米生产的整个生产环节中，耕整地、播种、施肥、植保、中耕、收获以及运输、脱粒全部使用机器作业。综合计算玉米生产全程机械化程度，一般每个单项作业平均水平达到85%~90%可以称为实现玉米生产全程机械化。包括：机械耕翻整地、机械精量播种、机械中耕、机械植保、机械深施肥、机械收获和机械脱粒、机械秸秆粉碎还田等技术环节，以耕、播、收机械作业为重点。

4 栽培技术要求

4.1 环境条件

4.1.1 环境空气质量符合 GB 3095 规定。

4.1.2 农田灌溉水质符合 GB 5084 规定。

4.1.3 土壤环境质量符合 GB 15618 规定。

4.2 选地、整地

4.2.1 选 地

在灌溉区选择地势平坦、土层深厚、土壤肥力中等以上、井渠配套的地块，在旱作区选择坡度 15° 以下、肥力相对好，地力均匀、土壤理化性状良好、保水保肥能力强的地块。

4.2.2 整地要求

4.2.2.1 机 械

深松机械：深松机具要求配套动力 130~150 马力，配置相应深松机具进行，深松机械有单独的深松机，也可以在综合复式作业机上，安装深松部件，或中耕机架上安装深松铲进行作业。

整地机械：根据土壤条件和作业要求因地制宜选择整地机械。耕作采用配套动力 120~150 马力的机械及配套的翻耕机、旋耕机、圆盘耙、镇压器等农机具，运行安全符合 GB 16151.1 的规定。可以一次完成旋耕、灭茬、深松、起垄方面的复式作业。

地膜回收机械：采用 IMC-70 地膜回收起茬机，与带有液压悬挂装置的 15 马力小四轮拖拉机配套使用。也可以自制钉子耙，与四轮配套使用。

4.2.2.2 清理残膜

如果上一年是覆膜种植的地块，秋收结束后清除残膜；如果是沙土地，结合春播整地清除残膜。残膜统一回收，统一处理，以免造成白色污染。执行 DB1505/T 015。

4.2.3 施基肥

每 667 m² 施入农家肥 2 000~3 000 kg 和磷酸二铵 15 kg、硫酸钾 5 kg，缺锌地块施硫酸锌 1 kg，或有效成分总量与上述肥料相当的专用复合肥。

4.2.4 整地作业

4.2.4.1 深松、深耕、灭茬

黑土、黑五花土、白五花土等地块可进行秋整地，利用大型农机进行土地深松 30 cm 以上，随后旋耕灭茬，灭茬深度不低于 15 cm；沼坨地、白土地在 3 月底至 4 月初进行春旋耕 15 cm 左右。

4.2.4.2 耕作直线度及耕幅

耕堑直，百米直线度≤15 cm。耕幅一致，误差为±4 cm。

4.2.4.3 翻垡与覆盖率

立垡与回垡率<5%，残株杂草覆盖率>90%。

4.2.4.4 平整度

垂直耕幅 10 cm 长度范围内地表平整度≤10 cm。跨两幅在 4 m 宽地面上高低差≤4 cm。

4.2.4.5 漏耕、重耕率

漏耕率、重耕率均≤2%。

4.2.4.6 根茬破碎

破碎长度应≤10 cm，其合格率应≥85%。

4.3 种子及处理

4.3.1 品种选择

选择通过国家审定、内蒙古自治区审（认）定，适宜通辽地区推广种

植的高产、优质、多抗、耐密、适于机械化种植的品种（禁止使用转基因品种）。

4.3.2 种子质量

纯度、净度执行 GB 4404.1。其中发芽率执行单粒播标准，芽率92%以上。

4.3.3 种子处理

4.3.3.1 晒 种

播种前7天晒种2~3天。

4.3.3.2 种子包衣

播种前晒种后进行种子包衣处理，选用能防治玉米丝黑穗病和地下虫害且符合 GB/T 8321.4、GB/T 8321.6 要求的包衣剂，防治方法符合 DB1505/T 010 要求。人员安全符合 NY/T 1276—2007。

4.4 机械播种

4.4.1 播 期

一般在4月中旬至5月上旬，当5~10 cm 土壤耕层的温度稳定在8~10℃时，即可播种。旱作区雨后抢墒播种。

4.4.2 播种方法

4.4.2.1 播种机

选用适宜大小垄种植模式的种、肥分层播种机实施机械化精量播种，一次性完成，开沟、施肥、播种、覆土、镇压等工序，且可实现种肥分层播施，播种质量较高。

4.4.2.2 播种深度

播种深度应根据品种特性和土壤类型确定，深浅一致，覆土均匀，镇压后白浆土、盐碱土播深 3~4 cm，风沙土 5~6 cm。

4.4.2.3 深施种肥、配施微肥

每 667 m² 施入磷酸二铵 15 kg、硫酸钾 2.5 kg、硫酸锌 1 kg、尿素 3 kg，或有效成分总量与上述肥料相当的专用复合肥。用播种机分层深施种子下方或侧下方 5~6 cm 处，种子肥料分层隔开。

4.4.2.4 漏播率

无漏播、重播现象，断条率≤5%。

4.4.2.5 随时检查作业质量

作业过程中，机手和辅助人员要随时检查作业质量，发现问题及时处理。

4.5 种植密度

4.5.1 原　则

根据品种特性和土壤肥力状况确定种植密度。

4.5.2 种植模式

大小垄种植模式，大垄宽 80 cm，小垄宽 40 cm，株距根据密度确定。

4.5.3 种植密度

紧凑型耐密品种播种密度 5 500株/667 m²，收获株数 4 500~5 000株；半紧凑型大穗品种种植密度要求在 5 000株/667 m²，收获株数 4 000~4 500株。

4.6 机械除草

播后苗前及时使用除草剂防除杂草，除草剂选用阿特拉津可湿性粉剂、乙草胺乳油、2.4-D 丁酯混合喷施，使用方法参照产品使用说明书。植保机械的安全性能应符合 GB 10395.6 的规定，除草剂使用符合 NY/T

1276、GB/T 8321.2、GB/T 8321.4、GB/T 8321.6、GB/T 8321.7、DB1505/T 008 要求，除草剂使用人员安全符合 NY/T 1276 要求。

4.7 水、肥管理

4.7.1 肥料使用

按照 1 000 kg/667 m² 产量目标，整个生育期每 667 m² 肥料参考投入总量为：N：20.18 kg，P_2O_5：6.9 kg，K_2O：3.75 kg。根据测定土壤肥力状况，按照产量目标确定肥料配比方案与投肥数量，氮肥遵循前控、中促、后补的原则，磷钾肥作为种肥使用。

种肥推荐量：按照每 667 m² 磷酸二铵 15 kg、硫酸钾 2.5 kg、硫酸锌 1 kg、尿素 3 kg 的参考养分量确定玉米配方肥。

追肥：在拔节期（6~7 片展开叶）每 667 m² 追肥尿素总量 35 kg 或追施等养分含量的缓控尿素 35 kg，深施 10~15 cm。

4.7.2 水分管理

玉米大小垄裸地种植全生育期实际灌水量和灌水次数根据当地降水情况而定，一般灌水 7 次左右。其中：在秋后灌水 70 m³/667 m² 或播前 15~20 天浇足底墒水；苗期适当蹲苗；干旱条件下浇拔节水，结合蹚地追肥进行；分别在 7 月上旬（约小喇叭口期）、7 月下旬（大喇叭口至抽雄）、8 月上旬（抽穗期）、8 月下旬（快速灌浆期和蜡熟期）及时灌溉，田间持水量低于 70% 时每次灌水 50~60 m³/667 m²。

4.8 田间管理

4.8.1 苗期管理

4.8.1.1 玉米苗期

在 5 月 15—20 日到 6 月 15—20 日，时间为 1 个月。这一时期田间管理重点是：以促下控上育壮苗为中心，达到苗早、全、匀、壮。

4.8.1.2 查田补苗

出苗后及时查田补苗。缺苗断垄轻微时采取邻近留双株方法加以弥补，严重时催芽补种。

4.8.1.3 及时定苗

如果是半株距或双粒播种的地块，4~5 片可见叶时定苗，地下害虫严重的地块可适当晚间苗，但最迟不能超过 6 片可见叶。间掉小苗、弱苗、病苗、杂苗，留壮苗，做到一次等距定苗。

4.8.1.4 适时机械化中耕、追肥

采用与行距配套的中耕机械，农机具运行安全符合 GB 16151.1 的规定。中耕 3 次，第一次在苗期进行，用小铧浅蹚，以达到增温通透、松土灭草的效果；在玉米 4~5 叶期进行第二次中耕，深度适当增加；在玉米 6~7 叶期主要用适于大小垄种植的深松机具结合追肥进行第三次中耕深松，主要为施肥、培土，为避免伤根，深度在 15~20 cm。

4.8.2 穗期管理

4.8.2.1 玉米穗期

玉米从拔节到抽雄为穗期，时间是 6 月 20 日—7 月 25 日，时间为 1 个月左右。这是玉米生长最旺盛、丰产栽培最关键的时期。本阶段管理的中心是促叶、壮秆、增穗。

4.8.2.2 防治穗期病虫害

病虫害防治遵循"预防为主综合防控的方针"。春季采取白僵菌封垛的办法防除玉米螟；拔节期后，根据当地虫情，在玉米螟成虫产卵初期，采取释放赤眼蜂防除玉米螟；大喇叭口期采取自走式高架喷雾器喷施高效低毒药效较长的药剂防治玉米螟。玉米螟防治坚持统防的原则，生产基地的整个乡镇、村屯的玉米田均要认真防治。农药使用应符合 GB/T 8321.4、GB/T 8321.6 要求。农药使用人员安全符合 NY/T 1276。遵循"预防为主

综合防控的方针"。重点注意玉米螟、粘虫、草地螟的防治，防治方法执行 DB1505/T 012、DB1505/T 011、DB1505/T 013、DB1505/T 014、DB1505/T 009 有关规定。

抽穗后药剂喷洒可采用全自动自走式高架玉米喷药机进行喷施，有条件的地区也可选用高地隙自走式喷杆喷药机进行喷施。虫害发生严重时可以采用航化作业，统防统治。

4.8.2.3 适时追肥、浇水

视雨水情况适时浇水，抽雄期出现干旱现象及时浇水，出现脱肥现象适时补追尿素。

4.8.3 花粒期管理

4.8.3.1 花粒期

玉米从抽雄到完熟为花粒期，是玉米开花散粉和子粒形成的阶段。时间从 7 月下旬到 9 月下旬，大约 2 个月时间。本阶段管理的中心是防止叶片早衰，增加粒数和粒重。

4.8.3.2 防治花粒期病虫害

8 月下旬，当二代玉米螟或三代粘虫发生为害时，用自走式高架喷雾机械喷洒高效低毒低残留的农药防治，严重时也可采取航化作业控制灾情。如发现有黑穗病，将病株拔除，于田间外深埋或烧毁，防止下年传染。农药使用应符合 GB/T 8321.4、GB/T 8321.6 要求。农药使用人员安全符合 NY/T 1276。防治方法执行 DB1505/T 012、DB1505/T 011、DB1505/T 013、DB1505/T 014、DB1505/T 009 有关规定。

4.9 适时机械收获

4.9.1 玉米完熟的特征

当田间 90%以上玉米植株茎叶变黄，果穗苞叶枯白而松散，子粒变

硬、基部有黑色层，用手指甲掐之无凹痕，表面有光泽，即可收获。

4.9.2 收获时间

根据气象条件，一般在 9 月末—10 月初玉米完熟后 1 周及时收获。

4.9.3 收获方法

4.9.3.1 收获方式

机械摘穗收获或机械脱粒收获。

4.9.3.2 收获机械

选用适宜的玉米收获机械，机械运行安全应符合 GB 10395.7 和 GB 16151.1 的要求。

4.9.3.3 作业条件、质量要求

子粒含水率一般在 30%～35%时，收获时不能直接脱粒，所以一般采用分段收获的方法。第一段收获是指摘穗后直接收集带苞皮或剥皮的玉米果穗和秸秆处理；第二段是指将玉米果穗在地里或场上晾晒风干后脱粒。

玉米子粒含水量在 30%以下时，采用玉米联合收割机收穗，作业包括摘穗、剥皮、集箱以及茎秆粉碎。一般果穗损失率≤5%，子粒破碎率≤1%，苞叶剥净率≥85%，茎秆粉碎长度≤10 cm。

玉米子粒含水量在 25%以下时，采用机械直接收粒并粉碎秸秆。一般综合损失率≤5%，子粒破碎率≤1%，茎秆粉碎长度≤10 cm。

DB15/T 1335—2018 玉米无膜浅埋滴灌
水肥一体化技术规范

1 范 围

本标准规定了玉米无膜浅埋滴灌水肥一体化技术的整地、播种、铺管、水肥管理及收获等技术要求。本标准适用于内蒙古自治区玉米无膜浅埋滴灌水肥一体化技术生产。

2 规范性引用文件

下列文件对于本文件的应用是必不可少的。凡是注明日期的引用文件，仅所注日期的版本适用于本文件。凡是不注日期的引用文件，其最新版本（包括所有的修改单）适用于本文件。

GB 3095 环境空气质量标准

GB 4404.1 粮食作物种子 第1部分：禾谷类

GB 5084 农田灌溉水质标准

GB/T 8321 农药合理使用准则

GB 15618 土壤环境质量标准

GB/T 19812.1 塑料节水灌溉器材 单翼迷宫式滴灌带

GB/T 20203 管道输水灌溉工程技术规范

GB/T 23391 玉米大小斑病和玉米螟防治技术规范

GB/T 50625 机井技术规范

NY/T 496 肥料合理使用准则通则

NY/T 1118　测土配方施肥技术规范

NY/T 1276　农药安全使用规范总则

SL 236　喷灌与微灌工程技术管理规程

3　术语和定义

下列术语和定义适用于本文件。

3.1　玉米无膜浅埋滴灌技术

是在不覆地膜的前提下，采用宽窄行种植模式，将滴灌带埋设于窄行中间深度 2~4 cm 处，利用输水管道将具有一定压力的水经滴灌带以水滴的形式缓慢而均匀地滴入植物根部附近土壤的一种灌溉技术。

4　产地环境条件

土壤环境质量符合 GB 15618 规定，农田灌溉水质符合 GB 5084 规定，环境空气质量符合 GB 3095 规定。

5　滴灌管网工程建设要求

5.1　水源设施、滴灌管网工程建设

5.1.1　原有膜下滴灌设施利用

可以利用已有的膜下滴灌田间水利设施，进行无膜浅埋滴灌。

5.1.2　新建水肥一体化滴灌系统

5.1.2.1　系统配置

根据地下水水质分析报告、出水流量测试报告等进行设计。水肥一体化系统主要配置设备有：机电井、首部、管路、其他附件。

首部系统组成：水泵、压力罐等或其他动力源，离心网式过滤器或碟片过滤器，控制阀与测量仪表，施肥罐。

管路包括干管、支管、毛管以及必要的调节设备如压力表、闸阀、流量调节器 、其他附件等设施进行组装。

5.1.2.2 配置要求

首部枢纽应将加压、过滤、施肥、安全保护和量测控设备等集中安装，化肥和农药注入口应安装在过滤器进水管上。枢纽房屋应满足机电设备、过滤器、施肥装置等安装和操作要求。新建滴灌水肥一体化系统工程应在播种之前完成。

5.2 管带铺设

5.2.1 管网布局

田间管带铺设应事先科学设计管网系统，形成田间布局图纸，为以后铺设管网、管理、灌溉施肥提供指导标准。

5.2.2 滴灌带选择

滴灌带选择应符合 GB/T 19812.1 要求。

5.2.3 管带铺设方法

5.2.3.1 毛管铺设

毛管铺设采用无膜浅埋滴灌精量播种铺带一体机与播种同步进行，符合 GB/T 20203、GB/T 50625、SL 236 要求。

5.2.3.2 田间主管道与支管铺设

播种结束后立即铺设地上给水主管道，在主管道上连接支管道，支管垂直于垄向铺设，间隔 100~120 m 垄长铺设一道支管。

5.2.3.3 滴灌管带安装

将所有滴灌带与支管道连接好，见附录 A。

5.2.3.4 灌溉单元设置

主管道上每根支管道交接处前端设置控制阀，分单元浇灌。根据井控面积或首部控制面积及地块实际情况科学设置单次滴灌面积，一般以 15～20 亩为一个灌溉单元。

6 栽培技术要求

6.1 选地与整地

6.1.1 选 地

选择具有灌溉条件的玉米种植区，并符合产地环境条件要求。

6.1.2 整 地

每亩施入腐熟农家肥 2 000～3 000 kg。播种前春旋耕 15 cm 左右。要求耕垄直，百米直线度≤15 cm，耕幅一致。达到上虚下实、土碎无坷垃。

6.2 种子选择

6.2.1 品种选择

选择通过国家或内蒙古自治区审定或引种备案的，适宜内蒙古地区种植的高产、优质、多抗、耐密、适于机械化种植的品种。

6.2.2 种子质量

纯度达到96%、净度98%，发芽率达到93%以上。

6.2.3 种子包衣

如若种子无包衣则需要进行种子包衣处理，选用符合 GB/T 8321 的包衣剂。人员安全符合 NY/T 1276。

6.3 播　种

6.3.1 播　期

4 月下旬至 5 月上旬，当 5~10 cm 土层温度稳定在 8~10℃时，即可播种。

6.3.2 播种量

每亩用种量 1.5~2.5 kg，精量播种。

6.3.3 种植模式

采用宽窄行种植模式。一般窄行 35~40 cm，宽行 80~85 cm，株距根据密度确定。

6.3.4 种植密度

原则上根据品种特性、土壤肥力状况和积温条件确定种植密度。一般中上等肥力地块播种密度 5 000~5 500株/亩；中低产田播种密度 4 500~5 000株/亩。

6.3.5 播种机选择

选用无膜浅埋滴灌精量播种铺带一体机，也可利用宽窄行播种机或膜下滴灌播种机进行改装。

6.3.6 播种方法

播种的同时将滴灌带埋入窄行中间 2~4 cm 沟内，同时完成施种肥、播种、覆土、镇压等作业。质地黏重的土壤播深 3~4 cm，沙质土 5~6 cm，深浅一致，覆土均匀。

6.3.7 种 肥

以 800~1 000 kg/亩为产量目标，施种肥量为纯 N 3~5 kg/亩、P_2O_5 6~8 kg/亩、K_2O 2.5~4 kg/亩。侧深施 10~15 cm，严禁种、肥混合。

6.4 水肥管理

6.4.1 灌 水

6.4.1.1 灌溉定额及灌溉次数

有效降水量在 300 mm 以上的地区，保水保肥良好的地块，整个生育期一般滴灌 6~7 次，灌溉定额为 130~160 m^3/亩；保水保肥差的地块，整个生育期滴灌 8 次左右，灌溉定额为 160~180 m^3/亩。有效降水量在 200 mm 左右的地区，灌溉定额为 200 m^3/亩左右。

6.4.1.2 适时灌水

播种结束后及时滴出苗水，保证种子发芽出苗，如遇极端低温，应躲过低温滴水。生育期内，灌水次数视降水量情况而定。一般 6 月中旬滴拔节水，水量 25~30 m^3/亩，以后田间持水量低于 70% 时及时灌水，每次滴灌 20 m^3/亩左右，9 月中旬停水。滴灌启动 30 min 内检查滴灌系统一切正常后继续滴灌，毛管两侧 30 cm 土壤润湿即可。

6.4.2 随水追肥

6.4.2.1 追肥时间及数量

追肥以氮肥为主配施微肥，氮肥遵循前控、中促、后补的原则，整个生育期追肥 3 次，施入纯 N 15~18 kg/亩。第一次拔节期施入纯 N 9~11 kg/亩；第二次抽雄前施入纯 N 3~4 kg/亩；第三次灌浆期施入剩余氮肥。每次追肥时可额外添加磷酸二氢钾 1 kg。

6.4.2.2 追肥方法

追肥结合滴水进行，施肥前先滴清水 30 min 以上，待滴灌带得到充分清洗，检查田间给水一切正常后开始施肥。施肥结束后，再连续滴灌30 min以上，将管道中残留的肥液冲净，防止化肥残留结晶阻塞滴灌毛孔。

7 化学除草

播后苗前选择符合GB/T 8321要求的除草剂防除杂草。除草剂使用人员安全符合NY/T 1276要求。

8 宽行中耕

苗期第一次中耕，深度10 cm；拔节期第二次中耕，深度15~20 cm。

9 病虫害综合防治

生育期间及时防治玉米螟、粘虫、红蜘蛛、蚜虫、大小斑病、丝黑穗等病虫害。农药使用应符合GB/T 8321；农药使用人员安全符合NY/T 1276。

10 收 获

10.1 回收滴灌带

收获前回收滴灌带。

10.2 收获时间

9月末至10月初玉米生理成熟一周后即可收获。

10.3 收获方法

选用适宜的玉米收获机械，作业包括摘穗、剥皮、集箱以及茎秆粉碎还田作业。一般果穗损失率≤3%，子粒破碎率≤1%，苞叶剥净率≥85%。

11 秋整地

11.1 秸秆粉碎

收获后结合秋整地进行秸秆还田，如果秸秆过长，还田前需要二次粉碎、茎秆粉碎长度 3~5 cm、抛撒均匀。

11.2 撒施秸秆腐熟剂

每亩按照 2.5 kg 秸秆腐熟剂加 5 kg 尿素喷撒在作物秸秆上。

11.3 深耕还田

采用深翻机进行深翻作业，深度 25 cm 以上，将粉碎的玉米秸秆全部翻入土壤下层。土壤黏重地块深松 30 cm 以上。

11.4 冬 灌

有条件地区，秸秆翻入土壤后，可以进行冬灌。

附录 A

(资料性附录)

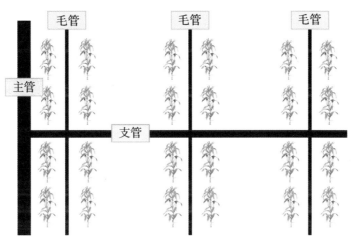

小垄35～40 cm 大垄80～85 cm   大垄80～85 cm 小垄35～40 cm

注：滴灌管线埋于土壤2～4 cm处

图 A.1 玉米无膜浅埋滴灌水肥一体化技术示意

DB1505/T 017—2014 平原灌区玉米膜下滴灌生产技术规程

1 范　围

本规程规定了玉米生产的产地环境条件，种子及其处理、选地、整地，施肥、播种、田间管理及收获等技术要求。

本规程适用于通辽市平原灌区玉米膜下滴灌生产。

2 规范性引用文件

下列文件对于本文件的应用是必不可少的。凡是注日期的引用文件，仅所注日期的版本适用于本文件。凡是不注日期的引用文件，其最新版本（包括所有的修改单）适用于本文件。

GB 3095—2012　环境空气质量标准

GB 4404.1　粮食作物种子 第1部分：禾谷类

GB 5084—2005　农田灌溉水质标准

GB/T 8321.2　农药合理使用准则（二）

GB/T 8321.4　农药合理使用准则（四）

GB/T 8321.6　农药合理使用准则（六）

GB/T 8321.7　农药合理使用准则（七）

GB 13735—1992　聚乙烯吹塑农用地面覆盖薄膜

GB 15618—1995　土壤环境质量标准

GB/T 19812.1—2005　塑料节水灌溉器材 单翼迷宫式滴灌带

GB/T 20203—2006　农田低压管道输水灌溉工程技术规范

GB/T 50625—2010　机井技术规范

NY/T 496—2010　肥料合理使用准则通则

NY/T 1118—2006　测土配方施肥技术规范

NY/T 1276—2007　农药安全使用规范总则

SL 236—1999　喷灌与微灌工程技术管理规程

DB1505/T 008　玉米草害综合防控技术规程

DB1505/T 009　玉米病害综合防控技术规程

DB1505/T 010　玉米地下害虫综合防控技术规程

DB1505/T 011　玉米螟综合防控技术规程

DB1505/T 012　粘虫综合防控技术规程

DB1505/T 013　蝗虫综合防控技术规程

DB1505/T 014　草地螟综合防控技术规程

DB1505/T 015　农田废弃物回收规范

3　术语和定义

下列术语和定义适用本标准。

3.1　玉米膜下滴灌技术

将滴灌带铺设在膜下，利用输水管道将具有一定压力的水，经滴灌带以水滴的形式缓慢而均匀地滴入植物根部附近土壤的一种灌溉技术。通辽市推广的玉米膜下滴灌技术指覆膜栽培技术、玉米大小垄种植技术与滴灌技术相结合的节水高产种植技术。

3.2　玉米大小垄种植技术

指在幅宽120 cm内，以小垄40 cm种植双行玉米，以大垄80 cm作为间距，可以改善玉米行间通风透光条件，有利于发挥群体增产潜力的一种玉米增产技术。

4 技术要求

4.1 产地环境条件

4.1.1 环境空气质量符合 GB 3095 规定。

4.1.2 农田灌溉水质符合 GB 5084 规定。

4.1.3 土壤环境质量符合 GB 15618 规定。

4.2 滴灌管网工程建设要求

4.2.1 滴灌管网工程建设

新建管网工程应在秋季建设，封冻前完成。田间支管与毛管铺设采用机械化与播种覆膜同步完成，并符合 GB/T 20203、GB/T 50625、SL 236 要求。

4.2.2 地膜选择

选用膜宽 70 ~ 75 cm，厚度为 ≥ 0.01 mm 聚乙烯薄膜，并符合 GB 13735 要求。

4.2.3 滴灌带

滴灌带选择应符合 GB/T 19812.1 要求。

4.3 施 肥

4.3.1 肥料要求

整个生育期施用的肥料应符合 NY/T 496 要求。

4.3.2 肥料准备及施用

4.3.2.1 施肥原则

遵循有机肥与化肥并重、氮肥总量控制、微量元素因缺补缺的原则。按照玉米 1 000 kg/667 m² 产量目标，整个生育期每 667 m² 肥料参考投入总量中，N：20.18 kg，P_2O_5：6.9 kg，K_2O：3.75 kg。推广测土配方施肥技术符合 NY/T 1118 要求。根据测定的土壤肥力状况、产量目标确定肥料配比方案与投肥数量，磷钾肥作为种肥一次施入，氮肥 25%~30% 做底种肥，另 70%~75% 氮肥做追肥分次施入。

4.3.2.2 基 肥

每 667 m² 撒入优质农家肥 2 000~3 000 kg、硫酸钾肥料 5 kg，或等养分含量的复合肥，结合旋耕均匀施入耕层土壤。

4.3.2.3 种 肥

按照每 667 m² 施入磷酸二铵 15 kg、硫酸钾 2.5 kg、硫酸锌 1 kg、尿素 3 kg 的参考养分量确定玉米配方肥。随播种机深施种子下方或侧下方 5~6 cm 处，与种子分层隔开。

4.3.2.4 追 肥

按照玉米需肥规律，每 667 m² 追施尿素总量 35 kg。利用膜下滴灌水肥一体化技术在不同生育时期追施。

4.4 水分管理

4.4.1 安装、检查滴灌系统

播种后及时连接各个供水部件，检查各个毛管与支管、支管与干管的连接，确保滴灌系统正常运行。

4.4.2 滴灌原则

根据玉米需水规律和实际降水情况确定灌水次数、灌水量和滴灌时间。一般滴灌 7 次左右，灌溉定额为 150~255 m³。正常年份膜下滴灌灌溉定额为 150 m³ 左右，干旱年份灌溉定额达 200~255 m³。

4.4.3 滴灌方案

根据降水量确定滴灌次数及灌水量。在播种后如底墒不足滴灌 30 m³ 左右；拔节期滴灌 20 m³ 左右；小喇叭口期和大喇叭口期各滴灌 20 m³ 左右；在抽雄期后吐丝期前滴灌 20 m³ 左右；灌浆至乳熟期滴灌 2 次，每次灌水定额 20 m³ 左右。大喇叭口前期田间持水量保持 70% 左右，抽雄期后田间持水量保持在 80% 左右。

5 栽培技术

5.1 选地、整地

5.1.1 选 地

选择具有灌溉条件、土壤肥力中等以上、地力均匀、地势平坦、土层深厚、耕层 20~30 cm、排水良好的地块；或者选择具有灌溉条件且保水保肥的风沙土，并及滴灌管网配套的地块。

5.1.2 整地要求

5.1.2.1 秋整地

除风沙土外的地块每年收获后，先清除残膜，回收滴灌带。深翻 25 cm 以上或深松 35 cm 以上，及时施基肥、旋耕灭茬、镇压，达到无漏耕、无立垡、无坷垃、根茬细碎、施肥均匀、畦面平整、覆膜铺管的标准。

5.1.2.2 春整地

秋收后来不及整地的地块，翌年 3 月末 4 月初在回收滴灌带、清除残膜后深松 35 cm 以上，施基肥、旋耕灭茬、镇压保墒连续作业，达到无漏耕、无立垡、无坷垃、根茬细碎、施肥均匀、畦面平整、覆膜铺管的标准。播种前 15~20 天浇足底墒水，达到待播状态。

风沙土在播种前清除残膜管带后，施基肥、旋耕灭茬、整细整平，达到待播状态。

5.2　种子及处理

5.2.1　品种选择

选择通过国家审定、内蒙古自治区审（认）定，适宜通辽地区推广种植的高产、优质、多抗、耐密、适宜当地地膜覆盖种植的品种（禁止使用转基因品种）。

5.2.2　种子质量

纯度、净度符合 GB 4404.1 要求。其中发芽率执行单粒播标准，芽率92%以上。

5.2.3　种子处理

5.2.3.1　发芽试验

播种前 20 天进行 1~2 次发芽试验，为确定适宜播种量提供参考依据。

5.2.3.2　晒　种

播种前 7 天晒种 2~3 天。

5.2.3.3　种子包衣

播种前晒种后进行种子包衣处理，选用能防治玉米丝黑穗病和地下虫害且符合 GB/T 8321.4、GB/T 8321.6 要求的包衣剂，防治方法符合DB1505/T 010 要求。人员安全符合 NY/T 1276 要求。

5.3 播 种

5.3.1 播 期

膜下滴灌种植一般比当地常规露地种植提前 7~10 天，正常年份在 4 月 20 日左右即可覆膜播种。

5.3.2 种植密度

根据品种特性和土壤肥力状况确定种植密度。紧凑型耐密品种播种密度 5 000~5 500 株/667 m²；半紧凑型大穗品种种植密度要求在 4 500~5 000 株/667 m²。采用大小垄种植模式，大垄宽 80 cm，小垄宽 40 cm，株距根据密度确定。

5.3.3 播种方法

5.3.3.1 播前准备

开始作业前，应装好滴灌管、地膜、种子、化肥和农药。先从管卷上抽出滴灌管一端、用地锚扎在垄中央面上固定好；然后再从膜卷上抽出地膜端头放及垄面，并两侧用土封好，然后开始作业。

5.3.3.2 播 种

采用玉米膜下滴灌专用播种机，一次完成开沟、施肥、喷除草剂、铺滴灌带、覆膜、播种等作业。播种深度应根据不同品种要求和土壤类型确定，深浅一致，覆土均匀，镇压后播深达到 3~5 cm，风沙土 5~6 cm。膜边覆土厚度 3 cm。

5.3.3.3 压土腰带

于播种后随即压土腰带，每隔 5 m 压土腰带，以防大风揭膜。

5.3.3.4 检查作业质量

作业过程中，机手和辅助人员随时检查作业质量，发现问题及时处理。

5.4 化学除草

播种时膜内和覆膜后膜间喷施除草剂，使用符合 GB/T 8321.2、GB/T 8321.4、GB/T 8321.6、GB/T 8321.7、DB1505/T 008 要求的除草剂。除草剂使用人员安全符合 NY/T 1276 要求。

5.5 田间管理

5.5.1 苗期管理

5.5.1.1 玉米苗期

5 月 1 日—6 月 10 日，时间为 1 个月左右。田间管理重点是苗全、苗匀、促下控上育壮苗。

5.5.1.2 引苗、放苗

出苗后要及时检查，如出现膜压苗现象，要及时引苗、放苗，如播种后遇雨，造成膜孔土壤板结时，及时破碎，并用土封严放苗孔，将苗扶正。选择晴天下午或阴天放苗，防止苗大顶膜、烤苗、死苗现象。

5.5.1.3 查田补苗

玉米出苗以后要逐地块、逐条垄进行检查。如少量缺苗时，采取留双株借苗的办法；如缺苗多，则及时催芽补种或移栽，移栽结合放苗进行。

5.5.1.4 定 苗

4~5 片叶时及时定苗，地下害虫严重的地块可适当晚定苗。去掉小苗、弱苗、病苗、杂苗，留壮苗，做到一次完成定苗。

5.5.2 穗期管理

5.5.2.1 玉米穗期

玉米从拔节到抽雄为穗期，时间是 6 月 10 日—7 月 15 日，时间为 1

个月左右。管理重心是促叶、壮秆、促穗、增粒。

5.5.2.2 施拔节孕穗肥

巧施孕穗肥，玉米拔节期结合灌水，利用水肥一体化技术每 667 m² 施 46%尿素 10 kg，大喇叭口期结合灌水每 667 m² 施 46%尿素 20 kg。

5.5.2.3 浇拔节水

拔节和大喇叭口期结合追肥各灌水 1 次，灌水量视雨水情况而定，切忌过量浇拔节水，以免造成拔节期间玉米徒长。

5.5.2.4 穗期病虫害防治

农药使用应符合下列标准：GB/T 8321.4、GB/T 8321.6。农药使用人员安全符合 NY/T 1276。遵循"预防为主综合防控的方针"。重点注意玉米螟、粘虫、草地螟、蝗虫、玉米大斑病等病虫害的防治，防治方法执行 DB1505/T 009、DB1505/T 011、DB1505/T 012、DB1505/T 013、DB1505/T 014。

5.5.3 花粒期管理

5.5.3.1 花粒期

玉米从抽雄到完熟为花粒期，是玉米开花散粉和子粒形成的阶段。时间从 7 月中下旬至 9 月下旬，大约 2 个月。管理重心是防止叶片早衰，增加粒数和粒重。

5.5.3.2 施攻粒肥

酌施攻粒肥，吐丝前利用水肥一体化技术每 667 m² 施入 46%尿素 5 kg。

5.5.3.3 浇抽雄和灌浆水

如果遇到干旱田间持水量低于 70%时补灌抽穗和灌浆水 2~3 次。即，吐丝前期和灌浆期各灌水 1 次。

5.5.3.4 花粒期病虫害防治

当二代玉米螟或三代粘虫发生为害时，用自走式高架喷雾机械喷洒高效低毒低残留的农药防治，严重时也可采取航化作业控制虫情。如发现有黑穗病，将病株拔除，于田间外深埋或烧毁，防止翌年传染。农药使用应符合下列标准：GB/T 8321.4、GB/T 8321.6。农药使用人员安全符合 NY/T 1276。防治方法执行 DB1505/T 009、DB1505/T 011、DB1505/T 012、DB1505/T 013、DB1505/T 014。

5.6 适时收获

当田间 90%以上玉米植株茎叶变黄，果穗苞叶枯白而松散，子粒变硬、基部尖冠剥去出现黑色覆盖层，用手指甲掐之无凹痕，表面有光泽，即可收获。一般在 9 月末至 10 月初收获。

5.7 残膜、管带回收

除风沙土外的地块收获前揭膜，回收滴灌管带；风沙土在春整地前揭膜，回收滴灌管带。并把膜和管带运出田外，进行分类处理，揭膜务求干净。执行 DB1505/T 015。

DB1505/T 018—2014 旱作区玉米全膜覆盖双垄沟播生产技术规程

1 范　围

本规程规定了玉米生产的产地环境条件，种子及其处理、选地、整地，施肥、播种、田间管理及收获等技术要求。

本规程适用于通辽市旱作区玉米全膜覆盖双垄沟播生产。

2 规范性引用文件

下列文件对于本文件的应用是必不可少的。凡是注日期的引用文件，仅所注日期的版本适用于本文件。凡是不注日期的引用文件，其最新版本（包括所有的修改单）适用于本文件。

GB 3095—2012　环境空气质量标准

GB 4404.1　粮食作物种子　第1部分：禾谷类

GB 5084—2005　农田灌溉水质标准

GB/T 8321.2　农药合理使用准则（二）

GB/T 8321.4　农药合理使用准则（四）

GB/T 8321.6　农药合理使用准则（六）

GB/T 8321.7　农药合理使用准则（七）

GB 13735—1992　聚乙烯吹塑农用地面覆盖薄膜

GB 15618—1995　土壤环境质量标准

NY/T 496　肥料合理使用准则通则

NY/T 1118—2006　测土配方施肥技术规范

NY/T 1276　农药安全使用规程总则

DB1505/T 008　玉米草害综合防控技术规程

DB1505/T 009　玉米病害综合防控技术规程

DB1505/T 010　玉米地下害虫综合防控技术规程

DB1505/T 011　玉米螟综合防控技术规程

DB1505/T 012　粘虫综合防控技术规程

DB1505/T 013　蝗虫综合防控技术规程

DB1505/T 014　草地螟综合防控技术规程

DB1505/T 015　农田废弃物回收规范

3　术语和定义

下列术语和定义适用本规程。

3.1　旱作区

农业活动的一个区域类别，是指无灌溉条件的半干旱和半湿润偏旱地区，主要依靠天然降水从事农业生产的一种雨养农业区。

3.2　玉米全膜覆盖双垄沟播技术

指在耕地田间起大小垄，用地膜覆盖全田，在垄沟内播种玉米的一项新的种植技术。该技术将"覆盖抑蒸、膜面集雨、垄沟种植"有机地融为一体，具有比常规半膜栽培技术更为明显的增温增光、提墒保墒的作用效果，能够显著地提高旱作农业区的水分利用率，能够大幅度提高旱作农业区的玉米产量。

3.3　玉米大小垄种植技术

指在幅宽 120 cm 内，以小垄 40 cm 种植双行玉米，以大垄 80 cm 作为间距，可以改善玉米行间通风透光条件，有利于发挥群体增产潜力的一种玉米增产技术。

3.4 田间管理

指农作物从播种到收获前在田间进行的一系列作业，包括播种、施肥、中耕、灌溉等。

4 栽培技术要求

4.1 产地环境条件

4.1.1 环境空气质量符合 GB 3095 规定。

4.1.2 农田灌溉水质符合 GB 5084 规定。

4.1.3 土壤环境质量符合 GB 15618 规定。

4.2 选地、整地

4.2.1 选 地

选择地势平坦或坡度在 15°以下、地力均匀、土壤理化性状良好、保水保肥能力较好、土壤肥力较高的沼坨地、旱坡地。

4.2.2 整地要求

4.2.2.1 清理残膜

整地前清除残膜，统一回收，统一处理，以免造成白色污染。

4.2.2.2 整 地

3 月底 4 月初清完残膜后，旋耕灭茬、施入基肥，旋耕镇压保墒连续作业。做到"上虚下实无根茬，地面平整无坷垃"，保证覆膜、播种作业要求。

4.3　地膜选择

选用厚度≥0.01 mm，幅宽130~140 cm 地膜，并符合 GB 13735 要求。

4.4　种子及处理

4.4.1　品种选择

选择通过国家审定、内蒙古自治区审（认）定，适宜通辽地区推广种植的高产、优质、多抗、耐密、适宜当地地膜覆盖种植的品种（禁止使用转基因品种）。

4.4.2　种子质量

纯度、净度执行 GB 4404.1。其中发芽率执行单粒播标准，芽率92%以上。

4.4.3　种子处理

4.4.3.1　晒　种

播种前 7 天晒种 2~3 天。

4.4.3.2　种子包衣

播种前晒种后进行种子包衣处理，选用能防治玉米丝黑穗病和地下虫害且符合 GB/T 8321.4、GB/T 8321.6 要求的包衣剂，防治方法符合 DB1505/T 010 要求。人员安全符合 NY/T 1276 要求。

4.5　施　肥

4.5.1　肥料要求

整个生育期使用的肥料符合 NY/T 496 要求。

4.5.2 肥料准备及使用

4.5.2.1 施肥原则

全膜覆盖栽培推广测土配方施肥技术，符合 NY/T 1118 要求。根据土壤肥力状况、产量目标确定肥料配比方案与投肥数量，同时要根据地力条件和产量目标施肥。要重视施基肥，基肥以有机肥为主、化肥为辅。应选用缓控释肥，全生育期的氮、磷、钾肥作为种肥一次施入。

4.5.2.2 基 肥

每 667 m^2 撒入优质农家肥 1 500~2 000 kg、硫酸钾 5 kg，或等养分含量的复合肥，结合深松、旋耕均匀施入耕层土壤。

4.5.2.3 种 肥

按照 650 kg/667 m^2 产量目标，每 667 m^2 肥料参考投入总量为：N：17.7 kg，P_2O_5：6.9 kg，K_2O：2.7 kg，播种时推荐使用缓释肥或配方肥+缓控释尿素；750 kg/667 m^2 以上产量目标，每 667 m^2 肥料参考投入总量为：N：20.18 kg，P_2O_5：8.05 kg，K_2O：3.15 kg，推荐亩施配方肥+缓控释尿素或缓控释复合肥+缓控释尿素。

种肥深施种子下方 5~7 cm 处，缓控释尿素随播种机深施侧下方 10~15 cm 处，与种子分层隔开。

4.6 播 种

4.6.1 播 期

播期一般比当地常规露地种植提前 7~10 天，正常年份在 4 月 20 日左右即可覆膜播种。

4.6.2 种植密度

根据品种特性和土壤肥力状况确定种植密度。紧凑型耐密品种播种密度 5 000~5 500 株/667 m²；半紧凑型大穗品种种植密度要求在 4 500~5 000 株/667 m²。采用大小垄种植模式，大垄宽 80 cm，小垄宽 40 cm（见附录 A），株距根据密度确定。

4.6.3　作业前准备

作业前，装好地膜、种子和化肥及除草剂等所需物资。先从膜卷上抽出地膜端头放在垄面，并两侧用土封好，打开播种斗和肥料斗阀门，然后开始作业。

4.6.4　播种方法

4.6.4.1　播种方式

选用适宜当地土壤类型的双垄全覆膜播种机，一次性完成喷除草剂、开沟、施肥、覆膜、打孔、播种、镇压等作业。

4.6.4.2　播种深度

播种深度应根据不同品种要求、土壤类型确定，深浅一致，覆土均匀，镇压后白浆土、盐碱土播深 3~4 cm，风沙土 5~6 cm。

4.6.4.3　覆土压膜

膜边覆土厚度 3~5 cm。及时压土腰带，每隔 5 m 压土腰带，以防大风揭膜。

4.6.4.4　检查作业质量

作业过程中，机手和辅助人员随时检查作业质量，发现问题及时处理。

4.7　化学除草

播种时均匀喷洒除草剂，与覆膜同步进行。除草剂使用符合 NY/T 1276、GB/T 8321.2、GB/T 8321.4、GB/T 8321.6、GB/T 8321.7、DB1505/T 008 要求。除草剂使用人员安全符合 NY/T 1276 要求。

4.8 田间管理

4.8.1 苗期管理

4.8.1.1 玉米苗期

在5月1日至6月10日，时间为1个月左右。管理重点以促下控上育壮苗为中心，达到苗早、全、匀、壮。

4.8.1.2 引苗、放苗

出苗后要及时检查，如出现膜压苗现象，要及时引苗、放苗，如播种后遇雨，造成膜孔土壤板结时，及时破碎，并用土封严放苗孔，将苗扶正。选择晴天下午或阴天放苗，防止苗大顶膜、烤苗、死苗现象。

4.8.1.3 查田补苗

玉米出苗以后要逐地块、逐条垄进行检查。如少量缺苗时，采取留双株借苗的办法；如缺苗多，则及时催芽补种或移栽，移栽结合放苗进行。

4.8.1.4 定　苗

4~5片叶时及时定苗，地下害虫严重的地块可适当晚定苗。去掉小苗、弱苗、病苗、杂苗，留壮苗，做到一次完成定苗。

4.8.2 穗期管理

4.8.2.1 玉米穗期

玉米从拔节到抽雄为穗期，时间是6月10日至7月15日，时间为1个月左右。这是玉米一生中生长最旺盛、丰产栽培最关键的时期。本阶段管理的中心是促叶、壮秆、促穗、增粒。

4.8.2.2 去除分蘖

及时去除分蘖。

4.8.2.3 穗期病虫害防治

农药使用应符合 GB/T 8321.4、GB/T 8321.6 要求。农药使用人员安全符合 NY/T 1276。遵循 "预防为主综合防控的方针"。重点注意玉米螟、粘虫、草地螟、蝗虫、玉米大斑病等病虫害的防治，防治方法执行 DB1505/T 009、DB1505/T 011、DB1505/T 012、DB1505/T 013、DB1505/T 014。

4.8.2.4　适时追肥

若出现脱肥现象，使用追肥枪适时追施尿素 5～10 kg/667 m²。

4.8.3　花粒期管理

4.8.3.1　花粒期

玉米从抽雄到完熟为花粒期，是玉米开花散粉和子粒形成的阶段。时间从 7 月下旬到 9 月下旬，大约 2 个月时间。本阶段管理的中心是防止叶片早衰，增加粒数和粒重。

4.8.3.2　花粒期病虫害防治

当二代玉米螟或三代粘虫发生为害时，用自走式高架喷雾机械喷洒高效低毒低残留的农药防治，严重时也可采取航化作业控制虫情。如发现有黑穗病，将病株拔除，于田间外深埋或烧毁，防止下年传染。农药使用应符合 GB/T 8321.4、GB/T 8321.6 要求。农药使用人员安全符合 NY/T 1276。防治方法执行 DB1505/T 009、DB1505/T 011、DB1505/T 012、DB1505/T 013、DB1505/T 014。

4.9　适时收获

当田间 90% 以上玉米植株茎叶变黄，果穗苞叶枯白而松散，子粒变硬、基部尖冠剥去出现黑色覆盖层，用手指甲掐之无凹痕，表面有光泽，即可收获。一般在 9 月末—10 月初收获。

4.10　残膜回收

收获后及时回收残膜。执行 DB1505/T 015。

附录 A

（资料性附录）

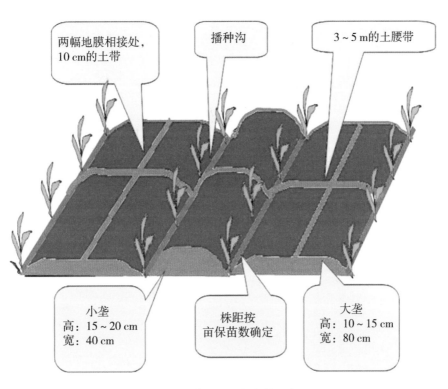

两幅地膜相接处，10 cm的土带

播种沟

3～5 m的土腰带

小垄
高：15～20 cm
宽：40 cm

株距按
亩保苗数确定

大垄
高：10～15 cm
宽：80 cm

大小垄全膜覆盖双垄沟播示意图

DB1505/T 062—2014 青贮玉米生产技术规程

1 范 围

本标准规定了青贮玉米高产栽培与青贮技术规程的基本要求。

本标准适用于通辽地区青贮玉米生产。

2 规范性引用文件

下列文件对于本文件的应用是必不可少的。凡是注日期的引用文件，仅所注日期的版本适用于本文件。凡是不注日期的引用文件，其最新版本（包括所有的修改单）适用于本文件。

GB/T 3543.4 农作物种子检验规程 发芽试验

GB 4404.1 粮食作物种子 第1部分：禾谷类

GB/T 15671 农作物薄膜包衣种子技术条件

3 术语和定义

下列术语和定义适用于本标准。

3.1 青贮玉米

青贮玉米是将新鲜玉米存放到青贮窖中（即进行青贮），经发酵制成饲料的禾本科一年生高产作物。青贮玉米并不指玉米品种，青贮玉米是鉴于农业生产习惯对一类用途玉米的统称。

3.2 整 地

作物播种或移栽前进行的一系列土壤耕作措施的总称。

3.3 基 肥

在播种或移植前施用的肥料，也叫底肥。

3.4 种 肥

在播种同时施下或与种子拌混的肥料。

3.5 翻 耙

通常在犁耕后、播种前或早春保墒时，翻松耙平土地的一种表土耕作方式。

3.6 品 种

遗传性稳定，且有较高的经济价值，在一个种内具有共同来源和特有一致性状的栽培植物。

3.7 发芽率

测试种子发芽数占测试种子总数的百分比。

3.8 种子包衣

利用黏着剂或成膜剂，用特定的种子包衣机，将杀菌剂、杀虫剂、微肥、植物生长调节剂、着色剂或填充剂等非种子材料，包裹在种子外面，以达到种子成球形或者基本保持原有形状，提高抗逆性、抗病性，加快发芽，促进成苗，增加产量，提高质量的一项种子技术。

3.9 播 种

将作物种子按一定数量和方式，适时播入一定深度土层中的栽培措施。

3.10 定 苗

当种子完全出苗后，采用人工、机械或化学等人为的方法去除多余的农作物幼苗，使农田中农作物幼苗数量达到理想苗数的过程，称为定苗。

3.11 追 肥

是指在作物生长中加施的肥料。

3.12 中 耕

作物生育期中在株行间进行的表土耕作。

3.13 青 贮

将青绿饲料切碎，放入容器内压实排气，在厌氧条件下乳酸发酵，以供长期贮存。

4 青贮玉米高产栽培

4.1 选地与整地

4.1.1 土地要求

土壤肥力中等以上，pH值6~8，地势平坦，土层深厚，井渠配套。

4.1.2 整 地

3 月上中旬,顶凌期及时耙、糖,使耕层上虚下实、土壤含水量在田间持水量的 70% 以上。

4.1.2.1 基 肥

翻旋前施农家肥 30~45 t/hm²。

4.1.2.2 翻 耙

深翻 30 cm 以上,翻地后,用旋耕机旋匀,要求土块细碎、地面平整。

4.1.2.3 冬 灌

11 月下旬土壤封冻时进行冬灌,灌水量 1 200 m³/hm²。

4.2 品种及种子选择

4.2.1 品 种

选用生物产量高、品质优良、耐密植、抗倒伏、抗病虫害的专用青贮玉米品种。

4.2.2 种 子

4.2.2.1 种子质量

符合 GB 4404.1 规定的二级以上要求。

4.2.2.2 发芽率试验

执行 GB/T 3543.4。

4.2.2.3 种子包衣技术操作规程

执行 GB 15671。

4.3 播 种

4.3.1 时 间

4月25日至5月1日。

4.3.2 温度和持水量要求

5~10 cm 土层温度稳定通过 8~10℃，土壤耕层田间持水量 70%左右。

4.3.3 种 肥

播种时，每公顷深施磷酸二铵 225~270 kg、硫酸钾 60~75 kg，尿素 37.5 kg，随播种机深施种子下方或距种子旁侧 5~6 cm 处，与种子分层隔开。

4.3.4 播种量

根据品种定密度，分蘖型品种密度 60 000~67 500株/hm²，单秆型品种 67 500~75 000株/hm²。

根据密度、种子发芽率和田间出苗率计算播种量。计算公式为：

$$播种量（kg/hm^2）= \frac{公顷计划种植密度（播种粒数）\times 千粒重（g）}{发芽率（\%）\times 田间出苗率（\%）\times 10^6}$$

4.3.5 播 种

精量播种机播种，行距 50~60 cm，播深 4~5 cm。

4.4 田间管理

4.4.1 定 苗

5~6 片叶展开时，结合中耕机定苗。

4.4.2 追肥与中耕除草

玉米拔节至大喇叭口期，追施尿素 525~600 kg/hm²；或分别在拔节期和大喇叭口期按 3：7 的比例追肥 2 次，追肥后及时灌水，进行中耕培土和除草。

4.4.3 灌 溉

根据墒情按需灌水。全生育期灌水 3~4 次。玉米拔节后结合追肥浇拔节水；大喇叭口期浇孕穗水；花粒期若土壤田间持水量低于 70% 时，补灌 1~2 次。灌水量 750~900 m³/hm²。

4.4.4 虫害防治

采取生物防治措施，或者选用广谱、高效、低毒、无残留的杀虫剂。

5 青贮技术

5.1 贮存方式

采取窖贮方式，有永久性窖和土窖两种，可建成地下式、半地下式和地上式。要求不透气、不漏水。永久窖池墙体用砖（石材）、水泥砂浆砌筑，内壁和地面用水泥沙浆抹面，土窖内壁衬 1~2 层塑料膜。

5.2 贮窖选址

地势高燥、向阳、排水良好、贮取方便。

5.3 窖池容积

窖池容积（长×宽×深）= 所需贮存青贮量（kg）÷550 kg/m³

5.4 青贮制作

5.4.1 添加剂

牧业盐添加 0.3%（按青贮总量）计。

5.4.2 粉碎铡短

乳熟末期至蜡熟期（8 月下旬）即可收割，现贮现割，除净泥土，用机械铡短 1.0~2.0 cm。

5.4.3 装 窖

边粉碎、边填装、边压实，整窖按层填装，填装至高出窖上口 20~30 cm。每填装 20 cm 层高时，压实一次，每窖连续一次性完成填装。

5.4.4 密 封

装窖完成后用塑料薄膜密封青贮窖的上口和取料口，塑料薄膜边缘延伸到窖体外缘，上口用 20~30 cm 厚的碎土覆盖。

5.4.5 维 护

经常检查设施，防设施破损、漏气。

5.4.6 青贮时间

经 50 天贮藏后取用。

6 取 用

从窖池的一端开窖，自上而下切面取用，每次取后封盖好取料面，取出量以日用量为准。

7 品质检验

7.1 颜 色

接近秸秆原色，呈绿色或黄绿色。

7.2 气 味

芳香酒酸味。

7.3 质 地

湿润、茎叶清晰、松散、柔软、不发黏、易分离。

DB1505/T 019—2014 农作物标准化生产基地农户生产记录规范

1 范 围

本规范规定了农作物标准化生产基地农户在作物栽培管理、收获等生产记录过程中的记录内容和填写说明。

本规范适用于通辽地区农作物标准化生产基地的管理。

2 记录内容

2.1 内 容

内容应包括地块编号、种植者、作物名称、品种及来源、种植面积、播种或移栽时间、整地、中耕、土壤耕作、施肥情况、病虫草害防治情况、灌水记录、收获记录、仓储记录、交售记录等（记录内容详见附录 A）。

2.2 要 求

农户田间生产记录填写规范、真实，不得伪造，记录应保存两年。

3 填写说明

3.1 基本信息

3.1.1 农户姓名、执行人、记录人

填写身份证上的姓名，不能用别名、小名、简称等。

3.1.2 基地名称

填写企业基地的具体名称，包括所在地的县区（旗）、乡镇（苏木）、村（嘎查）名称。

3.1.3 地块编号

填写基地固定的和连续使用的地块编号。

3.1.4 作物种类

填写种植的作物种类名称。如：玉米、水稻、荞麦等。

3.1.5 种植面积

种植面积是指该品种种植的面积，单位：亩（$\approx 667 \ m^2$）。

3.1.6 耕作方式

指种地的方式，如等行距种植、大小垄种植、等行距覆膜种植、大小垄膜下滴灌、全膜双垄沟播等不同耕作方式，人工管理或全程机械化管理。

3.1.7 播种时间

直播作物填写播种日期，需要育苗移栽的作物填写催芽时间和移栽时

间，记为：＿＿＿年＿＿＿月＿＿＿日。

3.2 用种情况

3.2.1 作物品种

作物品种填写审（认）定名称和审（认）定号。

3.2.2 种子处理

填写种子处理方法和所用药品名称。

3.2.3 种植密度

填写种植密度，记为：株/亩；填写每 667 m² 用种量，单位：kg/667 m²。

3.3 整地、中耕情况

记录整地、中耕方式和时间，记为：＿＿＿年＿＿＿月＿＿＿日。

3.4 肥料使用情况

3.4.1 肥料名称

填写肥料的商品名称、有效养分含量、生产厂家等重要信息。

3.4.2 用　量

每种肥料使用数量，单位：kg/667 m²。填写表格时小数点后保留一位有效数字。

3.4.3 施肥方法

主要指用于底肥、种肥、追肥或根外追肥等施肥方法。

3.4.4 施肥时间

记录每种肥料施入的时间，记为：____年____月____日。

3.5 灌水记录

填写灌水量，单位：$m^3/667\ m^2$；填写灌水时间，记为：____年____月____日。

3.6 除草记录

3.6.1 除草剂名称

填写除草剂商品名称，生产厂家。

3.6.2 除草剂用量

填写每 $667\ m^2$ 用量，单位：$g/667\ m^2$。填写表格时小数点后保留一位有效数字。

3.6.3 除草方法

指苗前除草或苗后除草。

3.6.4 除草时间

除草剂喷洒时间：____年____月____日。

3.7 病虫害防治

3.7.1 农药名称

填写农药商品名称，有效成分含量、生产厂家等。

3.7.2 用 量

填写每 667 m^2 用量，单位：g/667 m^2。填写表格时小数点后保留一位有效数字。

3.7.3 施药方法

指土壤处理或拌种或种子包衣或田间喷施等不同用药方法。

3.7.4 用药时间

填写使用农药的具体时间：____年____月____日。

3.7.5 防治对象

填写用药主要防治对象。

3.7.6 间隔期及登记号

间隔期及登记证号是指所用农药的安全间隔期及登记证号或批准文号。

3.7.6.1 安全间隔期

指作物最后一次施药距收获时所需间隔时间，是自作物最后一次喷药后到残留量降到最大残留限量（MRL）以内所需的最短间隔时间。

3.7.6.2 登记证号

对田间使用的农药，其临时登记证号以"LS"标识，如 LS20071573；正式登记证号以"PD"标识，如 PD20080005。

3.8 收获记录

3.8.1 收获时间

填写收获时间。记为：____年____月____日。

3.8.2 收获方式

填写人工收获或是机械收穗或是机收粒。

3.8.3 收获量

指该农户收获的总重量，单位：千克（kg）。填写表格时小数点后保留一位有效数字。

3.9 储运记录

3.9.1 储运方法

填写农户单独储运或是企业收回统一储运。

3.9.2 储存时间

指收获后到售出的这一段时间。单位：天。

3.9.3 储存数量

指储存的总重量，单位：千克（kg）。填写表格时小数点后保留一位有效数字。

3.10 交售记录

3.10.1 交售方式

填写企业直接收回或是基地代收或是农村合作组织代收。

3.10.2 售出时间

填写售出的时间，记录为：____年____月____日。

3.10.3 交售数量

指售出的总重量，单位：千克（kg）。填写表格时小数点后保留一位有效数字。

附录 A
（资料性附录）

表 A.1 农作物标准化生产基地农户生产记录表

农户姓名		地块名称		地块编号	
种植面积（亩）		作物种类		播种时间（年/月/日）	
耕作方式		催芽时间（年/月/日）		移栽时间（年/月/日）	
用种情况					
品种名称	审（认）定号	处理方法	药品名称	用种量（千克/亩）	播种密度（株/亩）	执行人
整地情况					
整地方式	整地时间（年/月/日）		执行人	备注	

（续表）

中耕情况			
中耕方式	中耕时间 （年/月/日）	执行人	备注

肥料使用情况					
肥料名称	用量 （千克/亩）	施肥方法	施肥时间 （年/月/日）	执行人	备 注

灌水记录			
灌水量 （立方米/亩）	灌水时间 （年/月/日）	执行人	备 注

除草记录					
除草剂名称	用量 （千克/亩）	除草方法	除草时间 （年/月/日）	执行人	备 注

病虫害防治						
农药名称	用量 （克/亩）	施药方法	用药时间 （年/月/日）	防治对象	执行人	间隔期及 登记证号

（续表）

收获记录				
收获时间 （天）	收获方式	收获量 （千克）	执行人	备　注

储运记录				
储运方法	储存时间 （天）	储存数量 （千克）	执行人	备注

交售记录				
交售方式	售出时间 （年/月/日）	售出数量 （千克）	买方执行人	卖方执行人	备注

DB1505/T 020—2014 玉米脱粒前果穗晾晒技术规程

1 范 围

本规程定义了玉米脱粒前果穗晾晒的要求。

本规程适用于通辽地区收购、储存、运输、加工和销售的商品玉米。

2 术语和定义

下列术语和定义适用本规程。

2.1 不完善粒

受到损伤但尚有使用价值的玉米颗粒。包括虫蚀粒、病斑粒、破碎粒、生芽粒、热损伤粒。

2.2 病斑粒

粒面带有病斑，伤及胚或胚乳的颗粒。

2.3 生霉粒

表面生霉的颗粒。

2.4 杂 质

除玉米粒以外的其他物质，包括无机杂质和有机杂质。

3 立秆晾晒

玉米成熟后，根据气候状况适时晚收，进行田间立秆晾晒脱水。

4 果穗贮藏前清选

贮藏前要将未完全成熟、鼠害和霉变果穗择出，玉米苞叶和秸秆等杂质异物剔除，以提高贮藏质量。

5 贮藏方式

果穗贮藏有风干仓贮和堆贮两种，优先推荐风干仓贮。

6 贮藏期管理

在干旱少雨雪的气候条件下，由于堆贮或仓贮中的果穗空隙大，通风好，穗轴和子粒经过一个冬季会自然风干，子粒水分降到15%~18%，一般不需倒仓（在多雨雪的气候条件下，一般需倒仓1~3次。第二年春季即可脱粒，再进行子粒贮藏。

7 果穗贮藏

7.1 晾 晒

玉米果穗集中自然晾晒，在闲置的晒场，收获的玉米果穗按10~30 cm的厚度摊铺在自然晾晒场（注意防鼠），上部果穗通过太阳照射和空气流动蒸发水分，下部果穗通过较高的地温和疏松透气的地表吸附水分，可使鲜穗在自然条件下安全脱水干燥。

7.1.1 晒场选择及设施建设

晒场选择交通便利，四周空阔，无树木、高大建筑物，通风良好，光照充足的非耕地区域建设，新建晾晒场只需将地面平整、夯实即可，面积可大可小，形状可方可圆，就地利用，不破坏植被，不污染环境。

7.1.2 倒堆（倒粮、倒行）

在多雨雪的气候条件下，当年12月和翌年1、2月分别进行玉米堆倒堆以便降水，并及时剔除发霉变质果穗。

7.2 风干仓贮

7.2.1 钢质风干仓

仓高 1.5~3 m，长 2~3 m，宽 0.5~1.5 m，可多仓组合的立体式钢网结构。

7.2.2 木质风干仓

用木杆、干燥的作物茎秆、废旧编织袋以及席芨等物质将仓底垫起离地 0.2~0.5 m 高，再将木质风干仓建在上面，仓高 2~3 m，宽 0.5~1.5 m，长度依情况而定。

7.2.3 风干仓类型

7.2.3.1 圆形贮粮仓

仓体的设置应本着经济适用、因地制宜、就地取材、制造简单、使用方便的原则。该仓解决了玉米穗在较长期储存过程中防鼠、防霉变和通风降水等问题，防鼠性能良好，通风降水效果明显，既经济、实用，又能保证粮食安全。在相同周长、材料条件下，圆形仓装粮量最大，可充分利用空间。

7.2.3.2 长方形贮粮仓

长方形仓防鼠性能良好，通风降水效果明显，既经济实用，又能保证粮食安全。

7.2.3.3 机械通风仓

机械通风仓，除具有防鼠防霉等功能以外，还具有强制降水的功能。

DB1505/T 021—2014 玉米标准化生产基地管理准则

1 范 围

本标准规定了玉米标准化生产基地建设的基地条件、生产管理、组织与管理的具体要求。

本标准适用于通辽市有关部门确定的，实施全程标准化生产管理的，具有一定规模的种植区域。

2 规范性引用文件

下列文件对于本文件的应用是必不可少的。凡是注日期的引用文件，仅所注日期的版本适用于本文件。凡是不注日期的引用文件，其最新版本（包括所有的修改单）适用于本文件。

GB 3095—2012　环境空气质量标准

GB 5084—2005　农田灌溉水质标准

GB 15618—1995　土壤环境质量标准

DB1505/T 016　玉米大小垄全程机械化生产技术规程

DB1505/T 017　平原灌区玉米膜下滴灌生产技术规程

DB1505/T 018　旱作区玉米全膜覆盖双垄沟播生产技术规程

DB1505/T 019　农作物标准化生产基地农户生产记录规范

DB1505/T 020　玉米脱粒前果穗晾晒技术规程

3 基地条件

3.1 基地环境

3.1.1 环境空气质量符合 GB 3095 规定。

3.1.2 农田灌溉水质符合 GB 5084 规定。

3.1.3 土壤环境质量符合 GB 15618 规定。

3.2 基地设施

基地农田集中连片，规划合理，规模种植，基础配套设施齐全，田间路面整洁平坦。

3.3 基地标识

基地及各生产单元在显要位置设置基地标识牌，标识牌美观、规范、牢固，标识内容齐全（包括基地名称、范围、面积、创建单位、品种名称、主要技术措施等）。对基地地块进行统一编号，编号相对固定，连年使用。基地分布图、地块分布图详细明了。

4 生产管理

4.1 生产技术

玉米标准化基地生产管理按照实际采用的栽培技术模式按照 DB1505/T 016、DB1505/T 017、DB1505/T 018 执行。

4.2 晾晒储运

生产基地要求做到每个生产单元的玉米单收、单运、单堆放、单脱粒、单贮藏，标识明确，各个技术环节均符合玉米生产相关标准，田间记录表单信息全面，与玉米包装批次统一编号，做到可唯一识别，以备查询，确保玉米全程质量安全可控。玉米脱粒前果穗晾晒执行 DB1505/T 020。

5 组织与管理

5.1 组织机构

成立基地建设领导小组和基地建设办公室，制订科学合理的基地建设方案、基地管理办法、生产操作规程、田间生产管理记录册。

基地建立生产管理机构，基地各生产单元县（旗、区），乡镇（苏木），村（嘎查），有责任人和具体工作人员。

建立健全基地建设目标责任制度考核办法，县、乡、村层层签订责任书。

5.2 管理制度

5.2.1 档案管理

5.2.1.1 文件管理

包括基地审批、建立、运行过程中的相关文件、资料、档案。

5.2.1.2 生产记录

农户生产记录执行 DB1505/T 019。

5.2.1.3 检查培训

检查培训记录见表1。

表1 玉米标准化生产基地检查培训记录表

培训项目		培训方式	
培训时间		培训讲师	

培训地点		培训对象	
记　录　人		培训人数	
培训内容简述			

5.2.2　投入品管理

制定基地农业投入品管理办法、公告制度、市场准入制、监督管理制度，有效地从源头控制投入品的使用，定期公布基地允许使用、禁用或限量使用的农业投入品目录，逐步开展对基地农业投入品实行连锁配送和服务。

基地建立"统一优良品种、统一生产操作规程、统一投入品供应和使用、统一田间管理、统一收获"的五统一管理制度，并有效实施。

5.2.3　监督管理

建立完善的监督管理制度，对基地环境、生产过程、投入品使用、产品质量、市场及生产档案等实行监督检查或抽查。制定基地保护区管理办法，内部建立相互制约的监督机制和明确的奖惩制度。基地建立检验检测机构或依托具有一定资质的检测机构，加强对基地投入品，原料产品的检验检测。

5.3　信息管理

建立基地信息交流平台，做到生产、管理、储运、流通信息网上查询技术服务。

5.4　服务体系

建立完善的培训制度和培训计划。依托农技推广体系、高等院校、科研院所，建立技术专家组，完善旗县区、乡（苏木）、村（嘎查）三级技术服务体系，人员确定，有效运行。通过典型示范，加快新技术、新品种推广应用。

5.5　产业化经营

制定鼓励龙头企业在原料产品收购、加工和销售中的优惠政策和措施。建立"企业+基地+农户"的经营模式。